哈佛商學院的美學課

AI

寶琳・布朗——著

謝樹寬——譯

AESTHETIC INTELLIGENCE

How to Boost It
and Use It
in Business and Beyond

PAULINE BROWN

目錄

content

第二部

提升你的AQ：美學智商

第三部

美學企業的未來

前言——美學很重要——

二〇一五年底，我見了哈佛商學院當時負責教師規劃與聘雇的資深副院長法蘭西斯．佛萊（Frances Frei），討論我對教學的興趣。在當時，我是全球奢侈品領導企業酩悅．軒尼詩—路易．威登集團（Moët Hennessy – Louis Vuitton，簡稱LVMH）北美區董事會主席。按照我的履歷，法蘭西斯認為，我應該馬上就能開設關於品牌管理、零售業、或是奢侈品行銷的課程。也不是不行……只是教這些課程的念頭，讓我有點不痛快。「我對於在課堂上只是傳授我的業界經歷缺乏興趣，」我說：「我想要探索自己的見解和經驗，如何應用在其他領域的經營。」佛萊似乎被打動了，問我課程會叫什麼名稱。「美學的事業，」我脫口而出。她的眼睛一亮，「我喜歡這個！」她記下來後抬頭接著問：「我只有一個問題：『美學』這個字你怎麼拼？[1]」毫不意外，在當時，我開的課程「美學的事業」，在哈佛這學校是頭一遭。

四十八小時之內，我接到了我的教學合約，兩個月後，我正式加入了哈佛的教職員行列——這是學術機構不尋常的轉型時刻。這個課程受到了研究生的歡迎。他們對課程內容展現出濃烈興趣，我並不完全意外。一般說來，人們企盼能有做生意的新角度。而美學價值的概念，在正常情況下無法讓人聯想到財務的價值。不過，回顧我自己的職場生涯，從大膽出擊收購雅詩蘭黛（The Estée Lauder Companies），到為雅芳（Avon Products）制訂策略投資凱雷集團（The Carlyle Group）的零售業，美學的鑑賞和理解，對於我專業上的成功（以及我合作的公司的成功），貢獻不亞於我在華頓商學院的ＭＢＡ所學，或是就業初期在貝恩管理顧問公司（Bain & Company）嚴謹的分析訓練。

這本書企圖把哈佛「美學的事業」的課程內容帶給各位。我的目標，是向大家說明美學如何用來開啟價值，並協助事業成功。我同時也想幫助大家重新發現、並精煉個人的美學天賦，我把這項特質稱為「美學智慧」（Aesthetic Intelligence），或「另一個ＡＩ」。我將引導大

1　譯註：英語有 aesthetic 和 esthetic 兩種習慣拼法。編按：本書隨頁註皆為譯者註。

家，把個人的美學智慧，以可創造並維繫商業利益的方式應用在自己的事業上。

如果在你的眼中，美學不過是訴諸消費主義的膚淺表面或一時流行，還請你好好聽我說。**美學遠比這重要得多——它是企業策略的關鍵要素**。不論是老牌企業、還是新創公司，都應該認真看待這個主張。

在本書中，我提出四個基本要點：(1)美學對企業（以及企業之外的領域）很重要；(2)美學智慧可以培養；事實上，我們每個人都有許多未能發揮的美學智慧；(3)美學的願景和領導力具有力量，能讓公司乃至整個產業轉型；(4)在欠缺美學的情況下，大部分公司容易陷入致命的挑戰。換句話說，一家公司失敗的美學，也會導致公司的失敗。

本書的每一章會透過企業個案研究，針對運用美學打造市占率、爭取顧客忠誠度、和創造永續價值，為各位提供洞見。雖然我依賴理論和科學來解釋美學的力量，不過人的故事（企業創辦人、創業家，以及主管），以及他們的公司才是這本書的核心。書中的個案研究，介紹了幾十家公司與它們的領導者，我有幸和其中許多人共事過。在這些例子裡，企業的美學特質或提升、或降低公司的整體價值，我們可以看到美學原則實際運作的情況。

我也是個務實的人。儘管我相信每個人都有提升美學智慧的能力，美學智慧仍需要我們投入時間和努力。這就和鍛鍊其他肌肉一樣；為了達到目的，我提出個人如何打造美學肌肉，以及運用它來爭取顧客的方式和具體練習。首先是提升**調諧**（attunement）的練習，或者說是培養自己對環境，以及它的刺激效果更敏銳的意識；**詮釋**（interpretation），也就是把自己對感官刺激的情緒反應（包括正負面的）轉繹成思想，形成一個美感立場、偏好，或表達的基礎；**清晰闡述**（articulation），表達你的品牌、產品或服務的美學理念，讓你的團隊成員不僅理解願景，並能夠精確執行；還有**策展**（curation），或者說組織、整合、以及編輯廣泛多樣的訊息和理念，來達成最大的影響。提到美學，懂得編輯取捨很重要；可可．香奈兒（Coco Chanel）說過：「優雅，是懂得拒絕。」

我在這本書裡扮演你的嚮導或導師，但我並非天生對美有特別的訣竅。認識哪些東西具有美感與吸引力、箇中原因是什麼，以及為什麼美學對事業和生活如此重要，都需要花一點時間來理解。美感的發現過程絕非瑣碎無謂。創意和品味並不是可以用量尺和分析來規範的東西。發展「另一個AI」的過程極大地取決於個人的、性質上的因素，它的重要性並不會因此降低。相反地，在多數企業喪失其「存在理由」（raison d'être）的時代，我相信美學智慧是絕對必要的。畢竟，人們需要的不再是更多的「東西」。人們確實需要機會去學習和發現，需要一些方式表達自我以及自我的感受，同時也需要工具和靈感讓自身和世界更加美麗。

我的個人美學演進，出現重要的轉折時刻是在一九七六年。當時我十歲，生活中渴望的只有三件事：穿耳洞、寵物狗，以及一台Panasonic的Take-N-Tape收錄音機。我跟爸媽懇求這三樣東西，不過只要有其中一項，就足以讓我樂翻天。在美國建國兩百週年的猶太光明節，我父母送給我的，是我渴盼的電光藍色卡式錄音機。又過了十年我才穿了耳洞，再過三十年，我收養了第一隻狗。

這台Take-N-Tape對我而言，魅力無窮。它有輕巧但穩重的設計，包括圓弧型的邊緣、閃亮光華的外殼，造型如星星閃亮的擴音喇叭則鑲嵌在右上方。它那鮮豔、歡樂的色彩，跟我最愛穿的愛迪達聚酯纖維運動衫超級搭配。我讚歎這個機器的神奇魔力，它錄下我的聲音，**還能**播放我的尚恩．卡西迪（Shaun Cassidy）卡帶。它具備可用電池、也能插電的雙功能，甚至可以隨時隨地收聽AM／FM電台。更重要的是，我喜歡按它圓墩墩的黑色按鈕：播放、快轉、回帶、尤其是**錄音**。我是所有女生朋友裡唯一有Take-N-Tape的人。它讓我大受歡迎，也成了我搭上玩伴的好工具。朋友和我一起連續幾個小時聽著自己的聲音反覆播放。我們對科技的力量充滿讚歎。

我並不是唯一渴望有這樣一台神奇機器的小少女；它是Panasonic在那個年代推出最成功，也是最經典的消費性產品之一。雖然市場上有許多其他款式的可攜式收錄音機，但只有Take-N-Tape具有視覺和情感上的力量。回頭來看，我相信自己對這個產品的熱情，源自於它明確而獨特的外觀和觸感。這是我諸多最早出現的「美感頓悟」（aesthetic epiphanies）之一。

我成長在傳統的歐洲猶太人家庭（儘管地點是在紐約郊區），櫥櫃裡擺滿了來自維多利亞時代的古玩和傳家寶，這台機器具備太空時代的俐落設計，以及重新創造的象徵意義，對我而言更具吸引力。事實上，Take-N-Tape完美掌握了Panasonic這家日本公司長年的設計哲學：「精煉產品的本質和特色，創造帶著情感連結，具有煽動力，大膽而吸引人的設計。」[1][2]

之後發生種種類似Take-N-Tape給我的美感頓悟，持續塑造著我四十年後的品味、慾望、和購買行為。我成長的大頸區是位於長島北岸的富裕郊區，費茲傑羅（F. Scott Fitzgerald）曾住過這裡，並構思出《大亨小傳》裡新富階級居住的「西蛋區」。我身邊的女孩子都很早熟，她們的購物習慣更是早熟，我觀察並吸收她們購買和穿戴的一切。

2 編按：正文內帶有括號的編號註釋，皆為作者註，註釋內容統一於全書末。

十三歲時，我這一代大多數的女孩擁有了她們的第一條名牌牛仔褲，最偏好的是沙森（Sasson），與其他不那麼受到追捧的品牌相較之下，它有著經典的白色縫線、紅色標籤，以及它的「嗚啦啦」廣告。我的父母對於孩子擁有這類奢侈物，既非吝嗇也不縱容，我只能仰賴自己當保姆打工的收入，但還是無法負擔這個品牌牛仔褲三十四美元入門款的價格。我因此把注意力（和我的保姆打工費）轉移到了護髮精品——維達・沙宣（Vidal Sassoon），它的洗髮精給了我希望。特別是，我相信使用了這種奢侈品，我的頭髮會變得直順柔滑，就像廣告裡的沙宣女性一般俏麗。我渴望擁有全套的沙宣，從洗髮精、蛋白保濕到最後的潤絲產品。在這些配方之外，它的管狀造型和濃厚巧克力色的瓶子，也深深吸引著我。「洗個沙宣頭」（Sassooning）這個念頭讓我著迷。更重要的是，我喜歡使用產品時，頭髮冒出泡沫之後，整個浴室立即充滿了櫻桃杏仁香味。

我上中學的第一年，配件品牌LeSportsac開始登場。我認識的每個女孩，至少都擁有一個LeSportsac提袋，它是以抗撕裂降落傘尼龍材質所製造的。最酷的女孩會蒐羅一整個系列。每個LeSportsac提袋都有個搭配的小袋，大膽的女孩會把她們的提袋和小袋混合搭配，創造獨特的組合，藉由顏色的選擇表達個性。我選的是橄欖綠，倒不是因為我最喜歡這個顏色（我並不喜歡橄欖綠），而是我選擇了這個顏色在我心目中代表的意義：原創、靈性、聰明。

一九八四年，是我進入達特茅斯學院的第一年，我開始接收到一套全然不同，屬於新英格蘭預科學生的美學。雖然我從不追求和她們一樣的穿著風格；說實話，我會避免像身邊女同學排斥陰柔的女性化穿著，但還是受到了她們自由自在、追求趣味、充滿自信的氣氛所吸引，那是一種讓身體輕鬆自在、卻不致於太暴露，看似凌亂、卻清爽體面的風格。這種服裝風格的最佳代表，或許是L. L. Bean。[3]在當時，緬因州的暢貨中心全年無休二十四小時營業，許多同學會連夜趕車去搜刮新的羊毛套衫或是獵鴨靴。

達特茅斯學院的美學，遠遠超過傳統所謂學生的「制服」。它被嵌入各式的校園符碼之中：像是學校代表色松青色（準確地說，是Pantone配色系統編號三四九），還有學校的拉丁文校訓（*Vox clamantis in deserto*，意思是「荒野中的吶喊」），以及一七六九年創校時的傳統校徽。這所學校的精神也透過自然元素來表達：新罕布夏州崎嶇的山丘、粗礪的花崗岩、和高大挺拔的常青樹。這一切持續地提醒，達特茅斯的品牌建立在一個清楚明確的美國傳統：敬畏自

3 譯註：L. L. Bean，美國知名的老牌零售業，以服裝和戶外娛樂設備聞名，總部位於緬因州。

然，願意為了強韌、探索的精神而放棄感官的舒適。當我從達特茅斯學院畢業時，我的風格已經變得有點混雜。

多年來，從歐洲的精緻、長島的浮華，到新英格蘭的實用主義，這些相互衝突的影響力，讓我以為具有吸引力的風格會彼此矛盾，也阻礙了我把這些元素結合在一起的興趣或信心。除此，我接受的嚴謹教育讓我智識上更加敏銳，卻也讓我的感官變得麻木。我邁入二十歲之後，完全專注於知識的積累，個人品味的表達則隨之封閉或加以忽略，我一切的決定和行動，都是根據理性的評估。在這個過程中，我失去了風格感，也迷失了方向。

以美學角度來說，我花了超過二十年的時間才回到正軌。剛開始的作法之一，是重新結合我專業的（或者公開的）身分與我的個人身分。我最初踏入職涯時，曾經錯誤地認定，為了得到他人認真對待，以及事業成功，我必須阻絕關於我是誰、或至少是我希望如何被人看待，那些非必要和非傳統的表現方式。換句話說，我必須融入職場，在風格上做個隱形人。

事實上，我在個人與專業上最大的突破，就是有勇氣站出來，展示我唯一可以比全世界任何人做得更好的一件事，那就是：做自己，活出寶琳・布朗。我愈是利用這種優勢，也就是以我個人的美感優勢做更多的實驗，就愈能受到更多的注意，得到更多的讚美，得到更多的自信，並享受更多的成功。而且，我也愈能夠應用所知，來協助我所收購、打造，和發展的事業。

一九九七年，我進入了美妝產業，我開始理解融合個人自我與專業自我的力量。投入這個極度重視美、風格，和創意的產業，我不僅得到許多表現自我品味的機會，同時還有工具來實驗各種不同的外貌形象和技巧。即使那個時候，我一路犯下不少風格上的錯誤。有一次，我想把當時淺色金髮染回原本的褐髮，結果變成了一頭紫紅色頭髮。還有一次，我穿了五吋的細高跟涼鞋參加公司贊助的野餐會，每走一步都像是給草皮打洞（同時也毀了我花五百美元買下的莫洛・布拉尼克〔Manolo Blahnik〕名牌鞋）。每一次的經驗，都讓我持續學習、成長和進化。我小心地不重複錯誤，卻從不停止冒險和實驗。

當我登上全球時尚產業最資深的角色之一，成為LVMH集團北美區董事會主席，旗下包括成衣、化妝品，和精品珠寶等產業，大約有七十個奢侈品牌，此時，我已經設計出一套強烈的個人風格認知，足以涵蓋我的過去眾多不同元素，也同時在時尚業之外找尋靈感和自我表達。我也能從個人的進化過程中理解商業價值，並應用我的美感判斷，再加上較傳統的財務和營運分析，來解決大多數的公司營運問題。我看出了招聘和取得適當人才，制定和強化公司內部的美學文化，以及對創意資源投資的重要性。

在本書中，你將學到：美學不只是對LVMH集團這類以設計為導向的公司很重要，對其他公司也同樣重要。你將學會微調自己的判斷力與風格的方法，並發展出平衡商業利益和創意的巧妙技巧。我相信你能夠掌握美學事業有哪些構成要素，以及如何把原則運用在自己的事業，取得美感的優勢。

PART 1

人工智慧年代的另類 AI：

美學智慧

1 美學優勢
——連結與取悅消費者，帶來感動——

我進入ＬＶＭＨ集團第一個被指派的任務，是讓自己融入公司旗下各個品牌的內部運作，其中包括了全世界最老的香檳酒莊慧納（Ruinart），以及義大利珠寶品牌寶格麗（Bulgari）。參觀慧納酒莊地底的白堊酒窖和葡萄園，以及欣賞寶格麗寶石切磨師、雕刻師的熟練手藝，讓人大開眼界，我因而見識到一個打造品牌的全新世界；它憑藉的是激發感官的感受，即美學。藉由公司的美學高標準，讓這些產品的品質、原創性、及創作的用心，與顧客產生共鳴。美學就等同於歷久不衰。ＬＶＭＨ集團領導人伯納．阿爾諾（Bernard Arnault）說過：「我本身有一台iPhone。不過你敢說二十年後人們還會用iPhone嗎？恐怕未必。也許到時又有新的產品或更加創新的東西。但是我敢說二十年之後，人們還是會喝唐培里儂香檳王（Dom

Pérignon）。」[1]

「美學」一詞，通常是用來形容東西的外觀。在商場上，美學代表的是產品包裝設計、品牌形象、以及企業識別。不過，如果我們掌握這個詞完整的意義，它將變得更為有用，遠遠超出視覺上的優雅。我在課堂上向學生說明這個詞，以及我在本書裡使用這個詞的方式如下：「美學」是我們所有人類，感受一個物件、或是透過感官體驗所得到的愉悅。「美學智慧」，這一個我們會反覆提到的詞，則是我們對某個特定物件或體驗引發的感受，予以理解、詮釋、和闡述的能力。

美學的事業經常訴求全面性的五官感受，提供人們樂於購買和消費的產品和服務。話說回來，消費者樂於付出額外的費用，不是為了這些產品或服務的實用性，而是它們所激發的感官愉悅，這包括視覺的、味覺的（口味）、嗅覺的（氣味）、聽覺的（聲音），以及體感的（觸覺）。美學的主張把消費者動機由功能性與交易性的目的，轉移到尋求體驗、啟發，以及記憶。對企業而言，這代表著對產品更多的需求、消費者更高的忠誠度，以及提供股東更高的價值。

當今的世界，人們希望東西少一點，渴望更豐富而有意義的體驗。消費者擁有了前所未有的市場支配力，讓他們能在準確的時間獲得準確想要的東西。這種情況下，一個公司產品或服務的美學價值，是公司長期保持成功的關鍵。企業主管、創業家、和專業人士可透過學習識別和應用美學的力量，來提升自身事業的利益。我把這個關鍵的技能組合，稱之為「美學智慧」，或者叫「另一個ＡＩ」。

企業一旦能與消費者在美學層次上互動，就可取得成功。一九九五年，我在取得華頓商學院的企管碩士學位時，還無法理解這一點；事實上，能理解的人並不多。隨著我涉足奢侈品產業，為這些傾全力發展美學，還存活那麼多年（有些甚至是好幾百年）的品牌工作，我明白，那些非奢侈品產業，也是過去多專注於規模、效率，以及創新，他們對美學的忽視、誤解，和投資不足，正在損害他們的財務價值與消費者價值。

「設計思維」（design thinking）把焦點放在解決問題的流程，和建立在解決方案之上的策略，美學的事業則有所不同。它的價值關乎愉悅，也就是透過感官體驗，提升人類精神和激發想像力。如果做對了，美學對企業和它們的贊助者將帶來很大的紅利回饋。最近幾年，乃至於可預見的未來，它都是利之所在。電腦可解決，同時也將解決愈來愈多功能性的問題；但不管現在或未來，電腦都無法提供嶄新而有意義的方式，讓我們與人性重新連結。

社會的自動化（automation）代表著今後愈來愈多的事會由電腦代勞：分析法、數據的收集和解釋，甚至是一般的勞動任務和職缺。不過，人們還是需要將他們的天分和技能，運用在那些無法被科技簡單有效取代的活動，包括了創造藝術、創造美，以及建立深厚人性連結。在這些方面，我們未來的表現仍能夠繼續勝過電腦。

前Google執行長艾瑞克．施密特（Eric Schmidt）說過，未來想要成功的人，必須學會遵循這種「權力的分離」（separation of powers），在相關事物上與電腦協同合作，同時專心致力於我們自己最擅長的事。當我們試圖減輕過度生產和工業發展的不良影響的同時，必須更加重視產品的品質、意義、美，以及持久性，而不是它們價格便宜、容易買到、用後即丟。發展美學的規範標準和策略，對於每個人和企業來說，都是可在經濟上、社會上永續經營的關鍵。

好消息：美學可透過學習

要經營美學的事業，主管不只要調和自己的美學感知和價值，也必須和顧客的美學感知和價值相調和。研究顯示，人們的購買決定有八五%是受情感驅策，而不是分析性的思考。然而，行銷人員往往只專注在購買決策剩餘的一五%，也就是產品特點和功能的理性評估。

企業中，美學價值從頂端開始，也就是領導者本身的美學智慧，但是它也依賴領導者根據美學的立場，有能力打造、支持、維繫正確的組織和文化。每個人天生的美學能力，比他或她實際運用的還要多。當然，某些人有先天的優勢或稟賦，像是音樂家巴布・狄倫（Bob Dylan）對聲音和韻律有著非凡的耳力，或是大廚沃夫甘・帕克（Wolfgang Puck）有調和氣味、口感、和口味的傳奇能力。不過，即使是狄倫或是帕克，也都必須不斷精煉技術和進化風格，才能在他們的領域上持續活躍、維持相關性，否則他們的美感優勢會逐漸消退。同時，他們也必須配合整體市場上的品味變化，與時俱進、調整和修改自己的表達形式。

綜言之，即便是經典，也必須翻新來維持相關性。舉例來說，路易・威登（Louis Vuitton）這個品牌是在第一波全球旅行的時代，也就是蒸汽船時代興起，它或許早該在二次大戰後隨著蒸汽船一同消亡。然而，如今這個品牌的價值、影響力、相關性更勝過往。它是如何維持的？它靠的是在傳承與更新之間維持適當的平衡。在快速移動的時代裡，傳統與傳承的價值變得益發重要。不過，品牌不該像博物館裡的藝術品那樣保存和呈現。它仍必須實用而有意義。行銷人員應該花時間理解，一個品牌的傳承中有哪些面向仍保有相關性，還有哪些面向只有著歷史價值。

路易．威登，是一位十八世紀中葉的法國旅行箱製造商，他打造的皮箱具有平底（可堆疊）、帆布材質（相對較輕巧）、氣密（可以防止水損）的特性，在蒸汽船時代對旅行者而言，這是非常實用而有意義的創新。

快轉到二十一世紀。旅人拖著一個體積巨大、呆板的行李，完全不符合現代旅行的想像。然而，環遊世界令人激動的魅力，卻是更勝以往。路易．威登仍具有品牌的相關性，很大一部分是靠它與全球旅遊強大、現代、而具一致性的連結，這些體現在它廣告中的意象、門市的基調、甚至是它光鮮亮麗的「去飛翔、去航行、去旅遊吧」（Volez, Voguez, Voyagez）快閃行銷的策展，「回顧了自一八五四年迄今〔品牌〕的冒險歷程」。[2]同時，它的產品全部強調輕巧、緊密，充分配合飛機上方置物櫃的尺寸大小。

其他領導企業，比如蘋果、華特．迪士尼公司、愛迪達、和星巴克，也都重視它們的傳承和「品牌符碼」，持續精進它們明確的美學特色、提高它們對消費者的吸引力。最美好的事物絕不會停滯不前。

這些公司都有和競爭對手類似的產品。蘋果的智慧手機運算能力和三星不相上下；Airbnb、萬豪國際集團（Marriott）、和Craigslist同樣提供旅人的住房服務。美學成了差別所在。基於美學的理由，有些消費者樂於排隊購買價格超過一千美元的iPhone X手機，或是預付一千美元的押金，加入特斯拉電動車（Tesla）的排隊購買名單。美學也解釋了，為什麼Airbnb目前為止是市場上排名第一的旅遊租賃服務。它登記住房體驗的美學是直覺式的、讓人愉快的：網站的外觀清爽、優雅，而且在功能上是直覺的。你註冊訂房點擊絕對不需要超過三下。甚至，比對使用者友善更重要的是，網站的設計是用來幫助和鼓勵人們去夢想。

關於培養和駕馭美學智慧的過程，最後要提的一點，我稱之為「美感同理心」（aesthetic empathy）：美學智慧是從發展個人美的感知力開始，不過它同時需要對他人的感知力的深刻理解和尊重。別人的感知力或許與我們的不同，卻更能反映市場的狀況。有各式不同的好品味，並不是說壞品味就不存在；它當然存在。知道品味好壞之間的差異，同時敏銳理解他人的好品味（也就是美感同理心），會是一個重要的手法，讓你能夠構想和預測，什麼樣的人會（以及什麼樣的人不會）對你的產品或服務的美學做出回應。

香檳貴婦改造品牌

一旦你了解，美學如何有助於事業經營，而我們又如何有效而可靠地加以應用，就能大大展望你的事業存活、並且持久不衰。看看全世界最經典的香檳品牌「凱歌香檳」（Veuve Clicquot）的經典案例。芭布－妮可・彭薩丹・凱歌（Barbe-Nicole Ponsardin Clicquot），是十九世紀初的法國女企業家，她對於香檳美學的創新，獲得了「香檳貴婦」（Grand Dame of Chanpagne）稱號。她在一七九八年嫁給了凱歌酒莊創立者之子法蘭索瓦・凱歌（François Clicquot），而法蘭索瓦把自己對香檳的熱情和知識，全部分享給了妻子，因此一八〇五年法蘭索瓦過世後，凱歌夫人有能力繼續經營事業。在她的領導下，公司發展蒸蒸日上。

凱歌夫人不只挽救了家族的事業，她還精益求精，開發了「轉瓶」（riddling）這種嶄新的生產技術，大幅改善香檳的口感和視覺上的吸引力。她發展的這個技術，是為了解決留在瓶底、外觀不討喜的酒類沉澱物，這套技術至今仍為業者沿用。凱歌夫人也首創了粉紅香檳，這種充滿誘惑力的粉紅氣泡酒，在全世界婚禮和其他特殊場合都大受歡迎。凱歌香檳自一七七二年起沿用蛋黃色標籤，這個視覺標記強烈地表達了品牌的傳承與個性，直到今天。

凱歌夫人運用她的美學智慧來改良既有的產品、創造特色，使它成為不朽。強大美學策略的力量，幫助她的公司成為全世界領先的香檳品牌。不過凱歌夫人並不是天生具備酒業的知識，她也沒上過大學、學過設計。相反地，她只是站在丈夫旁邊仔細觀察，學會信任自己關於產品好壞，以及該如何改良的本能直覺。這也正是本書的出發點，美學智慧是可以透過學習而獲得。

藝術史學家麥克斯維爾・安德森（Maxwell L. Anderson）認為，凱歌夫人證明了，每個人要發展美學智慧，並不需要正規的訓練，或是在精緻優雅的環境裡長大，雖然以上顯然有助於打好基礎。安德森說，「判斷品質是每個人都可發展的技能。」[3]對於烹飪有熱情的人，能夠出於本能、細緻地判斷高品質廚具；自行車手對自行車的判斷也會同樣嚴謹；畫家則會在意特定的壓克力顏料和油彩。按照安德森的說法，他們都能夠轉化這些技能，發展出藝術和設計的好眼光。廚師鍾愛的Le Creuset品牌廚具，依循的是與藝術品同樣卓越的原則。學會辨認和運用美感智慧的能力，你可用來區分不同領域的某樣物品或是體驗，是否讓人愉悅。這是培養美學智慧的第一步。透過練習，你的能力可以不斷淬鍊。

在學會辨識品質的好壞之後，你要抗拒仿效他人的衝動，因為這麼做很少會產生有持久價值的東西。真誠性和原創性，是達到長期美學效應的關鍵，企業特別是如此。快時尚（fast-fashion）的品牌很快地推出產品，在形式、風格、外觀都類似於令人垂涎的高端設計精品，但是這些複製品的價值隨著每次穿上身而逐漸減低。就像新車一樣，複製品毫無轉售的價值。而另一方面，愛馬仕柏金包在拍賣會上的價格，往往是遠高於原本的零售定價。[4]

收購美妝業的啟發

我被任命為雅詩蘭黛公司策略長時，距離我離開華頓商學院才沒幾年。我是從貝恩諮詢這家顧問公司直接加入雅詩蘭黛，自然而然就會帶著我的「貝恩工具箱」，一起來接任我的公司新角色。我在貝恩所受的訓練，是要對企業有分析式的理解，並且要根據「數字精算」（number crunching）和建立金融模型來打造個案。我和我的新老闆，當時擔任公司營運長的弗雷德．連翰墨（Fred Langhammer）第一次開會時，讓我眼界大開、也充滿教育意義，他讓我知道我要學的還很多。弗雷德是幹練、實事求是的德國人。我已經預先做了功課，帶著厚厚一疊市場分析來參加會議。

他把我貝恩諮詢的那一套報告扔在桌上，用他威嚴、銳利的藍眼珠盯著我看（眼神簡直要穿透過去）。哦喔，不妙。連翰墨對我拿的這疊東西沒興趣，它裡頭有關於公司過去表現清楚的描述，但是無法提供偉大的構想或前瞻的解決方案；報告裡的東西都不是可行的。弗雷德期待我把自己當成公司的老闆，能夠真正地理解、欣賞，並且在乎公司的價值主張，而不只是理性客觀地觀察公司的表現。他期待的是腦力激盪的夥伴，而不是缺乏熱情的分析師或傭兵。他知道我為公司增加價值的唯一方式，也許是透過提供策略、也許是其他，就是把自己融入化妝品產業的運營，花時間親訪門市樓層，去理解顧客的動機、期望和夢想。

這代表著我必須和我自己重新連結；不只是個雇員，而是身為一個人。換句話說，這代表著重新連結我的天生感知。這個公司最需要的，不是更多的深度財務模型，而是關於一個人真正享受購買和使用美妝產品的洞見。貝恩公司給了我一套嚴謹的工具箱，可以把重要的觀念應用在真實世界裡的企業問題。但問題是，這個工具箱只專注在數據分析、診斷、以及事實，它不足以描述或處理真正的挑戰：也就是人的挑戰。雖然這些工具讓我理解公司一部分的故事，關於它的過去表現情況，以及它可能面對那些競爭上或銷售上的挑戰，但是它們根本沒有幫助我理解人的故事。為什麼人們會買這個產品而不買別的？除了焦點小組（focus group）的建議，貝恩公司並沒有教會我，一個公司如何吸引和取悅目前與未來可能的消費者。

此外，貝恩式的分析提供我，以及許多同儕的諮詢顧問，和我們公司的客戶，虛假的安全感。它暗示了，如果模型建立得很好、數據很準確，我們就會得到需要的答案。到頭來，我發現一家公司及其未來的答案比這更為龐雜、混亂，遠超過**任何的**工具箱所提供的。雅詩蘭黛這樣一個建立在夢想和渴望的公司，它的策略必須用與眾不同、而且是更全面的方式來傳遞。我開始看到企業裡頭一些我過去忽略的潛力。幾乎可以說我必須重新發現我的美學智慧，深入挖掘過去多年來我曾經擁有，卻被遺忘或忽略的美學覺醒。把美感加入我的分析技能裡，實際上能夠讓這些既有的技能更加強大。

AVEDA案是我進入雅詩蘭黛公司後，第一個著手進行的收購交易。奧地利出生的何斯特．瑞秋貝克（Horst Rechelbacher），在一九六〇年代中期的明尼亞波里，以年輕的髮型設計師身分，重新創造了護髮的事業。他在一九四一年出生於奧地利，母親是藥草師，父親是個鞋匠，十七歲開始，他經常被譽為是世界級的髮型設計師；在二十歲那年，他贏得了歐洲髮型設計大賽冠軍，他以這個頭銜為跳板，開始在歐洲和美國巡迴表演。一九七〇年，他到印度隱居，透過與環境的調諧，他看出了阿育吠陀（Ayurveda）這套綜合醫療法，奠基於植物性成分，以及對使用者和地球都帶來好處的概念，可以啟發另一種不同類型的美。

我們每個人都是過去經歷和所做過事物疊加的產物。我們學習調和過去的經驗和影響，從而發展出把這些經驗轉化為具體實物的力量。瑞秋貝克把自小與當藥草師的母親共同生活的個人歷史，他對髮型設計的喜愛，理解化學藥劑對身體的影響，以及他在印度的經驗都結合在一起，並從各部分看出更重大的意義。他對於一般護髮產品的有毒化學成分極為敏感，他以感官出發推出的AVEDA美容產品，在當時是個重大創新。同樣地，收購這家公司對我而言也充滿啟發。消費者喜歡AVEDA不光是它的產品品質，同時也基於這個品牌關心地球的慈善使命，這種使命感表現在對環境友善的包裝設計、店鋪裝潢採用的天然建材、甚至是使用薰衣草或迷迭香薄荷這類天然成分香味。

這類含香氣的產品如今已無所不在，不過在當時它們可是獨一無二、讓人耳目一新。收購進行當時，美國排名第一的洗髮精是潘婷（Pantene），雖然它的母公司寶鹼（Procter & Gamble）找來頭髮剪燙合宜的模特兒，拍攝昂貴的廣告來宣傳它們的品牌，不過它大部分的行銷策略仍是科學訴求，特別是強調泛醇（panthenol）的保濕成分。在當時，人們對洗髮精沒有感官上的期待；行銷依據的是洗髮精對於「乾燥」、「油性」、和「正常」髮質的功效。

瑞秋貝克將他與眾不同的生活經驗整合成一個故事，由此創造出照顧頭髮、人生、和地球的創新方式。這樣做不需要特殊的天分；任何人都可以從自己的人生片段之中觀察模式、找出機會。我不知道你能從自己的人生看出什麼，但是我可以告訴你，只要你和周遭調諧，接納你所知和你曾經驗的事，嶄新而強大的想法自然會浮現。以瑞秋貝克為例，就是在一九七八年研發推出AVEDA。

多少也因為AVEDA的緣故，如今我們在洗髮潤絲時，會期待著一場「芳香療法」的體驗，不過一九七八年時的情況並非如此。瑞秋貝克讓洗頭髮成了多重的感官體驗。如果我只看了AVEDA的財務報表，我會錯過一些更重要的洞見——事實上消費者希望產品提供的不只是效率和價值；他們也希望產品可以幫助他們和自然重新連結，把洗頭這平凡無奇的事，轉化成一種「體驗」。

和瑞秋貝克一樣，為了理解品牌的商業潛力，我必須把不同來源的資訊兜在一起，包括消費者為什麼受到AVEDA的吸引（它好看又好聞，它是天然的，而且它讓洗頭髮變成一場活動，而不只是例行的梳洗），以及更廣泛的文化層面究竟發生了什麼事（人們對有機和天然成分的興趣升高，以及關心環境的破壞）。對我而言，這不需要特殊的天分，而是去學習辨識和觀察，美學在定義產品和產品推廣過程所扮演的角色。

祖馬龍（Jo Malone London）是另一個在美學價值上讓我獲益良多的收購案。在一九九九年、千禧年步入尾聲的時刻，美國的香氛產業正遭遇困境。雖然我當時的雇主雅詩蘭黛已取得一些成功，包括「白麻」（White Linen）、「歡沁」（Pleasure）、和「美麗」（Beautiful），都是當時最暢銷的淡香精。然而，香氛產業整體在下滑，而且過去受到歡迎的香水品牌，不管是市場關聯性或銷量都在萎縮。美妝美容正轉向了化妝品、皮膚保養品，以及較小的獨立品牌，例如納斯化妝品（Nars Cosmetics）、芭比・波朗（Bobbi Brown）和蘿拉・蜜思（Laura Mercier）。

一九九四年正式推出產品時，祖馬龍只有兩個銷售點：在倫敦的一個小店面，和曼哈頓波道夫古德曼百貨公司（Bergdorf Goodman）裡頭還要更小的店中店。儘管銷售點有限，祖馬龍卻有堪稱神奇的魔力，吸引最具鑑賞力和影響力的女性來光臨。這些人對品牌的熱情，正是我們對這家小公司的未來展望唯一需要了解的事。購買和使用祖馬龍產品的體驗之所以特別，主要是祖馬龍傳遞了強烈的美學訊息：從單一、像食品味道的香水（像是杏桃花、羅勒、白百里香），到清爽雅緻的包裝、看似簡單的商標設計，從纏繞在結構俐落的包裝盒上的奢華棕色羅緞絲帶，到豪華的奶油黃購物袋。產品設計猶如一件禮物，而且往往是顧客要送給自己的。

馬龍把她一開始的成功歸因於自己的聯覺（synesthetic）能力，也就是她會把顏色和聲音都解讀成氣味。正常而言，這種狀況多半被當成功能障礙，而不是一種天分。不過，她學會了如何駕馭自己敏銳的嗅覺讓它成為一種優勢。[5]她精通香水的儀式和香水的購買。在今天，香氛蠟燭和天然氣味的香水已經很普遍，不過在馬龍開創香水事業的年代，大部分銷售的香氛產品都是人工合成的。就和AVEDA的瑞秋貝克一樣，我們再次看到有人學會運用仔細觀察某個感官元素（在這個例子是香氣）所發展出的感知力，創造出以其他感官為基礎，並且能吸引其他感官的產品。大家想想看，許多人是偉大的髮型設計師，但是他們多半不會去推出護髮產品。大部分具有聯覺能力的人不會去開發住家用和個人用的香氛。這些產品和企業是美感學習的結果：學會去注意感官元素、並將它編碼。

幾年之後，我成了凱雷集團的合夥人，負責了「肌膚哲理」（Philosophy）的投資案，這是創意的夢想家克莉絲提娜·卡利諾（Cristina Carlino），一手打造的獨立美妝品牌，更多細節我稍後會再談。（編按：參考第八章〈闡述美妝產品〉）在此我想說的是，收購的工作讓我明白品牌的文字、調性、和「聲音」的重要性，尤其是這些以外型、氣味、和觸感打造的產業。卡利諾想藉她的品牌提升消費者的性靈，讓他們更專注於內在美，而不是去追求那些不可能達成的外在美的標準。同樣地，她的產品設計是要讓女性感覺美好，而不只是要變好看；因此她把產品取名為「優雅」（Grace）、「純淨」（Purity）、「希望」（Renewed Hope）。她使用的文字、溝通的風格，與不尋常的字體，結合產品的品質，成了肌膚哲理與人們對話的方式。

我們完成詳盡的調查之後，把這個交易的優點提交給了凱雷投資委員會，當時的委員會成員包括了集團的三位創辦人。我們簡報了所有的分析、關鍵假設、交易的潛在好處和可能風險，就是你預想要對最高層決策者簡報的一切。在當時，凱雷集團在美容產品領域並不出名，因為這些創辦人過去比較順手的，是航太、科技、國防，以及電信等產業的文化和商業操作。然而，消費性產品，或更準確的說，美妝美容產品，正是凱雷想要擴展的領域，也是我當初被招聘到這家公司的原因之一。

當我們等待會議做最後的決定時，公司的創辦人之一，有著書呆子氣的大衛・魯賓斯坦（David Rubenstein）突然精神一振，說他只有一個問題。我以為他會提到估價或是法律上的問題。但是他拿起一瓶香水，似乎困惑又著迷地問：「這東西真的有效嗎？」

大衛沒有弄清楚的是，這項產品的主要訴求不在於有效，而是它的美學。「這東西有效」

已經是它的先決條件。不過，如我前面指出的，有效性並不足以區隔產品。從肌膚哲理、祖馬龍、凱歌香檳、到其他眾多強大品牌，它們的美學所引發的愉悅感受，正是賦予了品牌持久價值和豐富傳承。幸運的是，我們的交易並沒有因為大衛的困惑而打退堂鼓，肌膚哲理證明了是凱雷集團在那個時期最成功的投資之一。

在我們持有肌膚哲理這家公司期間，凱雷做出貢獻的部分是資金，這讓肌膚哲理的管理階層在強力保護美學價值的同時，可以進行開發和成長。參與美妝美容產業之後，我體會到維持創意目標與財務目標的巧妙平衡有多不容易。我經常扮演其中的中介者。長期來看，公司美學和創意的資產，將帶向財務成功。少了美學的力量，公司就無生意可做。儘管要花費代價，但是讓公司維繫、並擴展它的美學貨幣，是個正確的決定。

我的領悟是，要把有創意和願景的人們帶進領導團隊，且給予他們同樣的權責和地位，做他們最擅長的事情。並不是每個決策都要根據財務計算。像大衛．魯賓斯坦這樣的企業家，身邊有具備美學智慧的人尤其重要。以他的地位而言，他本人或許不需具備強烈的美感，但是我認為擁有具強烈美感的幕僚不僅是項資產，甚至是公司必要的。

發揮連鎖店的美學價值

美學價值不只限於美容或時尚這類設計導向的企業。接下來我要分享，在特級牛排連鎖店德爾福里斯克餐飲集團（Del Frisco's Restaurant Group）擔任董事會成員的經驗。德爾福里斯克的成功，不只是因為管理階層對他們所提供的食物和酒類，具有一定的敏銳度與鑑賞力，他們也費心安排用餐體驗的各個面向，比如燈光、背景音樂、環境音量、香氣，甚至餐具設計的品質與吸引力；這些都是德爾福里斯克「做對了的事」。在加入董事會時，我認為在用餐體驗上有件事德爾福里斯克並沒有做對：女服務生的制服。當時，女服務生規定的穿著是黑色的T恤和黑色的裙子，而男服務生則是合身白襯衫、黑色背心，和黑色長褲。這樣的制服並沒有特別醒目突出之處，事實上，這跟你在一般餐廳會看到的沒有兩樣。

德爾福里斯克過去並不注重用餐體驗的這個面向。不過，身處這樣高競爭性的事業，德爾福里斯克必須敏銳理解**所有**形式的刺激，如何影響消費者有意願消費、熱切再次光臨，以及樂於傳播他們的正面體驗。而餐廳的服務生站在與消費者互動的第一線，他們必須同樣擁有、並能夠傳達品牌的美學感知。傳統的制服製造者注重的是成本、功能，以及耐用。為了能有客製化的設計，我向團隊介紹了紐約才華洋溢的服裝設計師艾妲·古蒙茲多特（Edda Gudmundsdottir），她同意接下這個計畫。

古蒙茲多特最大的挑戰是，把德爾福里斯克這個品牌的重點（建築風格、菜單設計、色彩調配、行銷定位）轉繹到制服上，藉以展現品質，並支持這家餐廳寬敞、新穎、溫暖，而且體貼入微的用餐體驗。她研究了這家公司的品牌識別與它的行銷材料。她參訪了不同地點認識分店的在地元素和文化，並觀察和聆聽消費者對整體用餐體驗的期待與回應。「做完這些工作之後，我畫了些草圖，並在網路搜尋制服銷售商，因為這個案子中成本很重要。以耐用而言，制服製造商已經做了關於布料的一切研究。我可以利用既有的制服資訊，透過選色和裝飾來達到客製化。德爾福里斯克有個很漂亮的雙鷹標誌商標，因此我們建議把這個圖案繡在男生的領結和女生的圍裙和領巾上。這個圖紋讓員工顯得與眾不同，同時又能保有制服的傳統。」[6]它同時也很符合她對於顧客的觀察，也就是他們希望感覺自己享受獨一無二的體驗，同時仍與他們對精緻牛排館的期待一致。也就是，牛排館要有陽剛氣、又要像會員專屬會所，同時用餐經驗是少見且令人興奮的。新的制服掌握了這些特色；古蒙茲多特的設計帶著巧妙、風格化的收尾，而不致於太過前衛或過度花俏。其中運用了出乎意料的顏色搭配，例如用深藕荷色搭配經典的背景漆黑色。

「參考架構很重要，」參與這個計畫、並開發出整體美學的古蒙茲多特說。「這讓你有更大的平台可以運用，它迫使你要更有創意，而不單只是複製既有的東西。品牌無法靠複製而有太多進展，我發現到，理解一家公司的意義及它想做的事，會推動你追求獨特性。」[7]

除了設計制服，古蒙茲多特也為所有員工制定了造型準則，規劃出髮型、化妝、珠寶，以及其他個人配飾的標準規範。當最終的設計方案推出後，我們注意到一個從未預期的好事：員工對他們的新造型深感驕傲，並且對工作展現了更高的熱忱；而他們的熱忱也給顧客帶來了月暈效應。最後，並不算多的投資帶來了巨大的回報。更實際的是，古蒙茲多特在預算和時間緊繃，而且必須考量其他實際問題的情況下（舉例來說，體型的多樣性、合身的要求、材料的耐久性、服裝要易於供應和再製造等等），完成了這個計畫案。

在制服之外，我鼓勵團隊成員去拆解用餐體驗的每個元素，和理解用餐者與餐廳形成的情感連結。一旦團隊掌握了這個過程的重要性，並努力去修補或中和每個造成損害的元素，提升和強化那些最有價值的元素，之後就更能把這些修正規模化，應用在整個連鎖系統之中。結果是，德爾福里斯克整體的用餐體驗變得更加豐富，流暢而無破綻。

德爾福里斯克想要反映傳統牛排館的元素，因為喜歡牛排的人通常會找尋一些與好牛排相關的特定線索，像是傳統的色彩搭配、握在手中有分量的餐具、讓人注意到肉片切工的俐落白色瓷器、溫暖舒適的燈光、以及提振精神的音樂。在此同時，公司也不希望顯得太過古板老派；它想吸引成功、有品味而能欣賞現代設計與文化的顧客群。為了添加一些當代感，挑高天花板的通風空間、經重新詮釋具現代感外觀的歐陸熟鐵欄杆、以及出乎預期的一些顏色搭配，創造了明確而值得記憶的消費者體驗，又不致於讓人感官上無法負荷。

打造人的連結是一個複雜的工作，具有深遠的影響，而它可透過美學來達成。進行順利的時候，它會帶來更豐富的品牌體驗。責任就在創造者身上，將他們的概念連結到值得被人們深刻體驗的一些主題。現今的消費者，已經不再追求物質財富的積累，而是尋求深刻和意義。因此，歷久不衰的品牌要提供目的、訴求情感、激發想像。驅動它們的因素遠超過了商業的動機；它們要連結和取悅人們，讓他們持續為企業提供的產品和服務所感動。擁有豐富美學的企業，必須建立在清楚強烈的「存有理由」之上。說到底，那才是真正給顧客帶來挑戰、吸引和魅力的所在。企業不應該只把顧客看成追求消費之人，而是一群最終尋求感受生活的人。

2 回歸感官

——美學解決方案的關鍵——

不久之前，我在本地全食超市（Whole Foods）找尋洗澡用的肥皂。肥皂整齊排在架子上，有些是幾塊肥皂裝在一盒，有些則是用造型包裝紙或波浪形的盒子個別包裝。其中一排肥皂吸引了我的目光；它們排放整齊，讓人聯想到食物的天然顏色，像是檸檬、燕麥和香草；或是和植物相關的顏色，例如薰衣草和玫瑰。它的包裝很簡單：每塊肥皂中間的「腰帶」是一條天然棕色紙板加上黃麻線綁住，我喜歡這個造型；很顯然肥皂的設計和包裝的設計是事先一起思考的。它的生產和包裝都有手工元素，帶有客製化、藝術感的特質，而且成分天然，不是合成的。極簡的包裝露出肥皂的兩端，讓我可以感受產品的滑順（彷彿它會產生真正柔滑的泡沫），並聞到它的天然香味（檸檬氣味使我回想到托斯卡納的旅行；薰衣草則讓我想起普羅旺斯），我覺得用它來洗澡，全身就會有芬芳香氣。

我和這肥皂的互動必然至少有十五秒鐘，手指觸碰露在包裝外的肥皂兩端，指尖把玩中間綁著的細繩，並把肥皂湊近鼻子感受它的香味。毫不意外，我拿了兩塊肥皂放進我的購物籃，儘管它的售價比其他完整包裝的肥皂更高，每個比一些肥皂甚至多了幾美元，對實用性的日用品來說，這並不是個小數目。

為何我從眾多肥皂裡挑選了它？因為這個產品吸引多種感官（嗅覺、觸覺、視覺）所帶給我的感受，遠超過了它的功能性，它少了紙或塑膠包裝的阻隔，這是一般包裝的肥皂不會、或者不能有效達到的。當一個產品在多重感官層次上與我們產生連結，誘惑力就此產生。我相信知名品牌或甚至沒有品牌的肥皂，同樣可以讓我洗得乾淨——也許還更乾淨，誰知道呢？但是我能評估這肥皂帶來的親密感，以及它的氣味和觸感提供了如此的愉悅，讓肥皂的效果成了次要的考量（不過，如果要讓我成為這個品牌的忠誠擁護者，它的洗潔效果就得和我預期的一樣好——洗澡時充滿香味、泡沫細膩柔順，我的皮膚會感覺嬌嫩）。

類似的誘惑以更大的規模出現，比如像互動式的樂高玩具（Lego）、博士音響（Bose），以及蘋果電腦的商店。在樂高商店裡，顧客們不論老少，都可以即時、並透過擴增實境

（augmented reality）[1]動手玩和學習積木及玩具組，它吸引你的是視覺、聲音、和觸覺。在博士音響的零售店，敞開的大門邀請你進入寬敞的公共空間，你可以試用器材設備，在備有耳機的音樂站裡私下聆聽，並在店內各處的攤位選購音響的配件。你的博士音響的任何問題，不論是否在這家店購買，銷售員都會樂於協助。雖然愛樂族對於博士音響提供的音樂體驗是否優於其他品牌仍有爭論，但是有一點是可以確定的：它提供的是不尋常的美感經驗。蘋果商店也是以類似的方式運作：顧客可以碰觸產品，感受它們平滑光亮的表面，聆聽它聲音的品質，並且購買之前就可以體驗第一手使用產品的喜悅。[2]

我認為樂高積木、博士音響和蘋果產品，功能上不見得一定優於其他的積木玩具、音響、平板電腦或智慧手機；不過，就和簡單的肥皂一樣，這些產品說故事的方式刺激我們的感官，讓它們更有吸引力和讓人愉快。

什麼因素為消費者帶來愉悅？它或許是很基本的，在肥皂與放鬆之間、在開司米羊絨（cashmere）與舒適之間、古典樂與平靜之間、或是冰淇淋與豐富甜美之間創造出連結。根據設計師英格麗．菲特爾．李（Ingrid Fetell Lee）的說法，歡樂、幸福、喜悅——不管你如何稱呼這種瞬間、強烈的喜悅情緒，實際上可以降低血壓、改善免疫系統、並增加生產力，同時它可以透過對稱、明亮顏色、和撫慰心靈的音樂激發。[3]最成功的零售業體驗，依賴的是最基本的美學語言：我們的五種感官。理解味覺、嗅覺、觸覺、視覺和聽覺，如何個別運作以及相互作用，還有行銷人員如何讓消費者啟動（和重複啟動）這些作用，是有效利用美學語言，最終創造和維持公司競爭優勢的關鍵。

如本書稍早提到，大約有八五％的消費者購買決定，是由產品或服務對消費者產生的感受（美感的愉悅）所驅動；只有一五％是根據對產品特色和功能，有意識的、理性的評估。諷刺的是，行銷人員花了差不多一〇〇％的精神，發展、打造，以及宣傳他們產品的特色和功能。很顯然，只要產品或服務本身管用，並設想出如何刺激感官和激起聯想性或情緒性連結，就會對公司帶來長期的價值。

感官的藝術和科學

感官知覺的獲取，是透過一連串生物學和神經學上的活動，由腦部感知並辨識，腦部隨後做出反應，取得相關的記憶，讓我們回想起人物、地點、和事件。我們的美學感知大致上是由我們如何詮釋感官經驗而來，這並不是理所當然的，尤其是創造經驗和特殊時刻代表著與人們互動。

視覺是後工業時代的主要感知，包括了我們如何感受光線、顏色、形狀、運動，以及其他從環境的視覺觀察所得到的一切。當然，要如何詮釋我們所見，是在腦中進行，不過它可以透過特定顏色和形狀來操縱，這些顏色和形狀，與我們深植在文化、並在文化中傳送的記憶和經驗相關聯。在西方世界，紅色經常代表停止、流血或性；黃色寓意歡樂和陽光；白色代表純潔和乾淨；綠色則象徵清新和自然。

味覺，或口感，是偵測物質味道的能力。人類（和其他脊椎動物）的味覺在腦部感知味道時，通常伴隨較不直接的嗅覺。它是中央神經系統的一個功能。我們的味覺接收器出現在我們舌頭表面，沿著軟顎，也存在咽上皮（epithelium of pharynx）和會厭（epiglottis）之中。傳統上我們定義了四種主要的味覺：甜、鹹、酸、哭。第五種味覺，稱為「鮮」味（umami），是較晚近才加入。和甜味相關聯的是趣味和放縱（冰淇淋、巧克力）；與鹹味相關的是溫暖和舒適（手工義大利麵、烤雞、蔬菜湯）；而和鮮味有關的是力量和精力

（帕瑪森乳酪、番茄、香菇、和牛肉）。

嗅覺是一個化學過程，有我們鼻子的接收器和神經辨識環境中的化學物質，這些物質可能是良性的、讓人愉快、或讓人厭惡的。我們的嗅覺也和嗅球（olfactory bulb）有關，它是我們腦部邊緣系統（limbic system）這個古老部分的一個結構。我們的嗅覺根植於腦中的原始部分，是我們生存機制的一部分。嗅覺並沒有與丘腦（thalamus）連結，丘腦是其他所有感官訊息彙整的地方。氣味會直接傳送到杏仁體（amygdala）和下丘腦（hypothalamus）。沒有一個感官像嗅覺這般，直接連接到腦部負責處理情緒、聯想學習、和記憶的區域。[4]剛除過草的草地氣味會引發初夏的記憶；柑橘類，尤其是檸檬的氣味會連結到乾淨；松果的氣味則讓人聯想到冬天的假期。研究顯示，[5]這三種氣味正好也都讓人感覺愉快。有些氣味例如咖啡，甚至能幫助我們分析問題。[6]

觸覺是體感系統（somatosensory system）的一部分，體感系統是由接收器和處理中心構成範圍廣泛而多樣的網絡，它幫助我們感受愉快、溫度、以及疼痛，這些全由大腦皮質的頂葉（parietal lobe）處理。這些感覺接收器涵蓋了皮膚和上皮、骨骼肌、骨骼及關節、內臟、甚至是心血管系統。開司米羊絨引發奢華舒適的感受；高級密織細布（percale）

床單的清爽觸感給予我們優雅而有序的感受；粗糙的農場橡木桌帶給我們強健而長壽的感覺。

聽覺要傳送到腦，最先是傳送到我們的耳道，然後引發鼓膜的震動。震動經由小骨傳到耳蝸。聲音震動引發耳蝸液體的運動和毛細胞（hair cell）的彎曲。毛細胞做出神經信號由聽覺神經所收集。耳蝸一頭的毛細胞傳送低音的信息，耳蝸另一頭的毛細胞則傳送高音的信息。聽覺神經傳送訊號到腦，腦將它解讀為聲音——宏亮的或輕柔的、撫慰人心的或是嘈雜難聽的。人類已經適應對特定聲音做出回應；電鑽的聲音是有破壞性而惱人的，讓人想要緊閉窗戶或是走到對街去躲避噪音；嬰兒的哭泣聲則是令人不安，讓人們想去找到聲音的來源，最好還能給哭泣的嬰孩一些安慰。狗的吠叫聲被認為是警告，要小心前進，而大笑聲則讓我們放鬆並一同歡樂。

月暈效應

美感的愉悅，是個人的感官受到召喚（若要成功，至少需要其中三種感官），與特定的產品、品牌、服務、或體驗，產生連結的深刻滿足或喜悅。有趣的是，享受這種愉悅，不光只是來自消費一個產品或體驗一項服務，同時也結合了箇中的期待或回憶，以及在我們與產品的感官元素互動時，引發我們自身感官的相同記憶。研究顯示，大約有五〇%的消費者感受到愉悅，是與期待和記憶（也就是一種去除感官體驗的殘餘效應）連結；其他的五〇%則是與當下的體驗（五感共同運作、跟人互動的結果）有關。

我把它稱之為「月暈效應」。我用這個詞不是要描述公司如何擴展財務成功，而是要描述體驗是一個連續體，包含了導入（lead-up）、實際的體驗、以及其後的回憶，回憶再通知導入進行重複的體驗。有個最明顯的例子是生產。產下新生兒令人興奮的期待，以及新生兒為人帶來觸感和氣味的美妙回憶，往往和實際分娩時費神耗力的痛苦形成尖銳對比。當第二個新生兒即將來臨，這種痛苦成了遙遠的記憶或暫忘一旁……興奮與期待，又再度成形。

想像一個美好的用餐經驗。吃東西帶給人歡樂，不過你隔天對它的記憶也是體驗的一部分，考慮和計畫改天再到同一家餐廳去也是。坐雲霄飛車也是一樣。你享受的不光只是搭上去的刺激，還有與它相關的一切，包括和家人朋友在嘉年華會或是遊樂園共度時光，對飛車忽上忽下陶然感受的記憶，都讓這個體驗更具意義。我在二〇一八年夏天法國旅遊的記憶，可能因為在紐約甘迺迪機場大排長龍、狹小的飛機座椅空間、拖著行李四處奔波、以及旅行的花費而打了折扣。不過我能記得，普羅旺斯無盡的紫丁香原野、美味的餐點、與朋友在巴黎購物，以及最重要的，和第一次去法國的青春期女兒有了更親密的連結。這些是我會和朋友分享的故事，和一再回味的記憶。

迪士尼遊樂園的家庭旅遊是另一個月暈效應的好例子。在主題樂園裡的體驗，一般而言都很歡樂，但也不是沒有惱人之處。例如，在奧蘭多如沼澤般令人難以忍受的濕熱天氣，最熱門遊樂設施令人痛苦的長長人龍，特別是在尖峰時段，餐廳裡貴得嚇人的餐點。不過，說起迪士尼假期，大部分的人馬上想到的是我們孩子臉上的笑容，和米奇擁抱時的興奮，觀看公主在她的王國裡漫步的風采，以及五彩繽紛帶來歡樂的娛樂設施。我們都等不及再去造訪。

當一家人準備迎接即將來臨的迪士尼樂園假期，因為要去體驗最新的遊樂設施或參觀最新卡通角色而愈來愈興奮。我們所記得的，只是上一次到訪時的歡樂，而不是奧蘭多折磨人的高溫，或等待坐上「原子軌道」（Astro Orbiter）排隊的單調枯燥。迪士尼樂園提供了如此神奇、沉浸式的體驗，讓人們可以運用所有感官和各種情緒與它互動，其中包括工藝品（紀念品）讓我們保留和延展這個神奇，不好的記憶很快就被擺在一邊。[7]其他的消費性體驗，也可以提供類似的沉浸式機會，透過看、感覺、聽、嚐、聞，讓它們變成深刻的個人式經驗。個人式的事業，就是賺錢的事業。

主題樂園（及其機構）是項大事業，不過迪士尼教會我們的不論大小事都適用。迪士尼找到方法讓消費者（他們稱為「客人」）去發現品牌，細細咀嚼小小的、親密的、經過深思熟慮策展的時刻。再回頭來想想我的肥皂；製造商找到了方式，透過精心打造的包裝提供沉浸式的、即刻的體驗，在架上眾多肥皂商品之中脫穎而出，贏得購買者的青睞，甚至可能是一輩子的忠心。肥皂製造商和迪士尼召喚情感的方式沒有太大不同。以我的例子，在採買日用品的例行活動裡，這個時刻把我帶到了過去旅行的美好回憶、美妙的氣味、漂亮的色彩、以及對沐浴時放鬆體驗的期待。要再買肥皂的時候，我會想起這個短暫的時刻，並且期待再一次累積這樣的體驗（就算沒再多買肥皂）。花十美元買兩塊肥皂可以買到這一切，似乎算不上是大手筆。

遺憾的是，企業界常常把月暈效應搞錯，因為他們並沒有從頭到尾把消費者體驗想清楚。

舉例來說，服飾店或精品店會熱情迎接我，門口的布置也可能令人心情愉快充滿引誘。售貨員也可能殷勤服務、又不致太過緊迫盯人。但是付帳的過程可能有點惱人，而送客的方式，即使是最高檔百貨公司也顯得照本宣科而冷淡，可能讓人留下不愉快，或至少是不值一提的回憶。零售業這方面應該可以做得更好，讓購物體驗更加愉快、令人興奮、值得紀念。

這並不是說傳統零售商店正在消亡，它們只是迷了路。它們太過呆板僵化，更糟的是，它們易於被遺忘。這麼說來，零售商要如何讓逛街購物的人留下印象，最好還是留下很正面的好印象？從最基本來說，零售商的店員在送顧客出門離開時，應該可以和迎接他們入門時一樣熱情。店員可以送個手寫的紙條給他們最好的顧客，以表達關心和感謝。這些都是小地方，但是千萬別低估個人小紙條發揮的作用。一項德州大學的研究[8]發現，人們收到表達感謝的紙條，因此「很開心」或「高興」的比例，實際上比研究者的預測要高出許多。平均而言，實驗的參與者寫字條的時間花不到五分鐘。零售商也可以送小禮物給購物的顧客；最好是店內的非賣品，但可以表示感謝並且有新意，比如香水樣品、香氛乾燥花、或是糕餅。我也建議用名字來稱呼和感謝顧客，他們的名字從信用卡就可以簡單得知，最好是當他們再次光顧還能夠記住。這樣的動作很簡單，而且基本上不需任何花費。

零售商也可以主動表示可以幫顧客提袋子，比如答應顧客幫忙放到車上。雖然我自己很少接受這類協助，但它會留給我持久而正面的印象。談到購物袋，它們應該要設計美觀、結構牢靠；這一點象徵性的額外開支，會讓它成為顧客保留和（或）重複使用的「紀念品」。我會保留我的蒂芙尼（Tiffany）和愛馬仕（Hermès）的袋子（還有盒子），但是梅西百貨（Macy's）的袋子（以及廉價的盒子）則是直接放到回收桶。在一九五〇年代，雅詩蘭黛率先應用了個人化而考慮周到的銷售策略。其中的許多策略至今仍在沿用。舉例來說，如果你到雅詩蘭黛的美妝櫃台詢問某個特定的保濕用品，銷售員會幫你抹在手上，彷彿是提供你一次按摩。如此的作法創造了一個很親密、溫暖的時刻，對許多人而言是愉快而且放鬆的。這樣的產品你怎麼能不買？

化妝品公司Bite Beauty把它們的店稱為「唇膏實驗室」，它們在紐約、洛杉磯、舊金山、多倫多的分店都展現了潔淨、光亮有如實驗室的外觀，同時讓人感覺時尚而舒適。光亮的長長檯面讓消費者可以拉張椅子，由技術人員協助創造客製化的色彩。購買唇膏的過程是客製化而特別的。它與其他眾多在大賣場裡感覺被遺棄，或是遭訓練不良、冷淡的售貨員忽視的購買「體驗」，形成了鮮明的對比。對消費者表達真切關懷的體貼服務，需要被重新重視：不只是關心他們的購買力，而是關心他們的人。研究設計對社會影響的專家彼得・梅霍爾茲（Peter Merholz）說：「〔零售業裡〕科技的成功不是在取代人，或是讓它更有效率，而是讓交易更輕鬆，並鼓勵某種絕對無法被機器取代的東西——那就是人與人之間對話的交流互動。」[9]這種連結可以透過訴諸感官來達成。Bite唇膏把對一般人而言是基本且日常的美妝產品，提升為創意、互動的體驗，它透過店面的設計、燈光、環境，還有工作人員來強化。

另一個專門店銷售例子是Grom義式冰淇淋連鎖店。公司於二〇〇三年在義大利杜林創立（二〇一五年由聯合利華〔Unilever〕收購），[10]它提供特殊口味的冰淇淋，例如檸檬薑汁混合焦糖、喜馬拉雅玫瑰鹽佐馬達加斯加香草、以及添加了委內瑞拉巧克力脆片的覆盆子雪酪，另外還有供你隨意選擇的免費試吃。員工對於特殊口味的組合受過專業訓練，隨時都熱心和顧客討論口味的搭配和解答問題。這也難怪Grom店門外常常大排長龍。

祖馬龍營造感官的吸引力，讓我特別喜歡逛它的香水店，裡面所有東西都給人「專屬於你」的與眾不同感覺。銷售員訓練有素，對祖馬龍的香水知識豐富而且樂於分享解惑。上門的顧客被鼓勵盡情試用喜歡的香水，享受比較香味的體驗。決定購買的一刻，實際上是過程中最讓人興奮的一刻。當購買的物件被包裝成禮物般呈現，品牌在收銀台上鮮活了起來。產品被細心包裝在盒子裡，綁上羅緞的絲帶，放進豪華購物袋裡，用誇張的手勢交到你手上。當你回家後體驗仍在繼續，你拆開「禮物」，並且驕傲地擺在你的化妝台或桌面上。

讓我意外的是，零售商對最後的付帳階段沒有花太多心思。給人們一個好理由走入實體店，是零售商對抗亞馬遜（Amazon）、威菲兒（Wayfair）[1]、Jet這類線上競爭者的唯一防禦（編按：參考本書第七章〈策展、選擇、以及百貨公司的衰亡與重生〉）。吸引消費者的心比賣出東西更重要。這是否代表這個人會買多一些？並不必然，不過當我想到關心與協助我的銷售員、產品包裝的呈現或使用保濕霜的方式，我自然而然下次還會再到店裡買東西。這就是具有美感的零售體驗的月暈效應。

1 Wayfair於二〇〇二年創立時原名CNS Stores，二〇一一年因應公司擴大規模，為整合旗下商店和統一美學，重新命名為Wayfair。如今是全美最大的家具電商，旗下包括五家線上品牌公司，銷售來自全球一萬一千家零售商產品，公司總部位於美國麻州波士頓。

醜得有個性：難看的美

藉由感官作用達到美感的愉悅，不一定來自於美，這種標準的啟動模式；它也來自許多令人倒胃口的經驗，像是一些可能被視為醜陋或可怕的經驗。法語中有個詞"jolie laide"，意思是「醜陋的美」，最能準確掌握這個概念，也就是說，我們會受到一些嫌惡的東西吸引。當然不都是如此，不過這確實解釋了我們從重金屬樂團「炭疽」（Anthrax）、恐怖電影《大法師》，以及夢想世界樂園（Dreamworld）的恐怖塔雲霄飛車，那些怪異的反感中得到愉悅。即使是時尚方面，醜陋的愉悅也可能透過感官來觸動和吸引我們。

設計師菲利浦．普萊因（Philipp Plein）曾把醜陋沒品味做成了大事業。[11]他以浮誇過頭的舞台時尚而知名——印著醒目骷髏頭的洋裝和運動服、黑緞布上尺寸過大而顏色鮮豔的大花、金屬釘釦和水鑽、泰迪熊、鈔票圖案、不尋常的縫線、以及誇張的輪廓——他把時尚中被視為前衛的東西推到極致。結果是他擁有一群死忠的粉絲和同樣激情的批評者，但是批評者反而強化了他的事業，令他的粉絲更加忠誠：受到某些人的討厭，反倒增加了對其他人的吸引力。[12]好奇心具有感染力。這位德國設計師的帝國持續擴展，所以就目前來說，他的醜陋也是門好生意。[13]

古馳（Gucci）最近在我稱之為「醜時尚」方面的成功也很有啟發性。二〇一五年開始接掌古馳的亞歷山卓．米凱萊（Alessandro Michele），同樣以他對印花、形式、圖案無節制的反美（antibeauty）作法而知名。他運用少見而令人驚訝的圖案與色彩，創造風格獨特的「書呆子潮」（geek chic），在一些純粹派的人看來，這有如丑角毫無品味。不過對其他人而言，他的設計開創了歐式奢華的新方式，並且讓人用不同流俗的另類方式來表現自我。他把高級時裝這個已經有點無趣、而有重重規範限制的時尚類型，再度變得有趣而有創意。米凱萊總體的設計精神是「愈多就愈好」（more is more）；也就是說，更多色彩、更多形式、更多的材質。

他的設計愈是怪異就愈好，因為它們提供了各式各樣的機會，在感官上與人們相連結。有些設計召喚我們心目中那段單純的時代，因為他的設計帶有六〇年代、七〇年代、甚至八〇年代的風潮。我們對這些浪漫化的過去感到開心和安心，即使我們沒有真正親歷那個年代（古馳最年輕的消費者就是如此）。這種設計精神，體現在眾多古馳的產品中，包括叫好叫座的運動鞋、彩色鮮豔的針織品，以及來自藝術家靈感的狗印花圖案，產品涵蓋鞋子、手提袋、皮夾、背包、毛衣、丹寧短褲、連帽衫、飛行員夾克，以及從圍巾到珠寶的一系列商品。小狗的圖案靈感來自名為海倫．道尼（Helen Downie），別名「不熟練工人」（Unskilled Worker）的藝術家，她送給米凱萊一個枕頭，上面繪製了他飼養的兩隻波士頓㹴犬博斯克（Bosco）和歐索（Orso）。這是米凱萊的經典作風：取材藝術家的靈感、再將它轉繹為具有驚奇感和趣味的消費性產品。不過，它是否符合傳統時尚中對美的定義？根本沒有。這些設計帶有擾動人心、令人不安的東西，它們挑戰了人們的感官。

「醜時尚」之所以成立，關鍵是醜要建立在魅力或怪異這類的訴求。如果只是一些真正醜陋的特質，像是刻薄或冷酷無情，即使不是有意展現，也絕對不是好事。想想看，一隻傻頭傻腦的巴哥犬和一個猙獰嗜血的鬥牛㹴之間的差別。大部分人都會覺得第一個形象較討喜（儘管牠太愛流口水），第二個則像是野蠻怪獸。古馳「黑臉毛衣」（blackface sweater）的災難就是一個例子。在二〇一九年二月，公司召回了訂價八九〇美元的黑毛衣，它的領口往上拉、覆蓋臉部的部分有著紅唇圖案的開口。批評這件毛衣的人認為，如果古馳的設計和行銷部門能多雇用些非白人族裔，這件毛衣在一開始製造前就會因為不適當而撤銷生產。[14]

雖然我不認為這個事件會拖垮公司（時尚達人們的記憶短暫），但它確實有警示的教訓。古馳有一部分的相關性和成功，是來自它對於新的、非傳統世代的時尚購買者的吸引力，特別是都會的非裔美國人，他們非常適合時髦而前衛的街頭服飾。古馳因為推出這個未經深思熟慮的產品，造成的損害更形嚴重。不論如何，相比其他犯過類似種族議題處理失當的競爭者，像是杜嘉班納（Dolce & Gabbana）[15]和普拉達（Prada）[16]，古馳用了更得宜和謙卑的態度做出適當的回應。它撤回了產品，發布公開的道歉，承諾在設計部門延請更多的少數族裔，同時它也邀請以哈林區為基地的非裔美國設計師達佩・丹（Dapper Dan），協助公司了解未來如何避免重複類似的錯誤。維持相關性需要細心巧妙，對於目標客戶和不停變動的文化規範，保持敏銳感知則是關鍵。

看不見的設計與感官的愉悅

最好的公司，往往在未被察覺的情況下成功傳達感官體驗，我把它稱之為看不見的設計。它的元素或許並非顯而易見，但絕不是沒價值或不重要。想想看，所有的唇膏都是用相同的基本原料做成，那麼為什麼許多女性會花四倍的價錢去內曼・馬庫斯百貨（Neiman

Marcus）買香奈兒的雅緻柔滑唇膏（售價四十二美元），而不是在沃爾瑪（Walmart）買露華濃（Revlon）的櫻桃紅晶燦耀眼亮唇膏（售價九．九九美元）？詢問女性消費者，她們可能會說，她們較喜歡香奈兒唇膏的樣子，或是說它有多麼持久，不過真正原因是，她們比較喜歡使用昂貴唇膏帶來的美感體驗。不消說，二者蜜蠟的品質，以及它紅色的色澤其實不相上下。

香奈兒唇膏的重量、金屬邊緣的光澤、或是筒蓋上優雅的雙C商標，都可能提升了使用者的愉悅感。甚至連香奈兒唇膏的購買體驗也更勝一籌，比起在光線不良的藥妝店裡，從整排架子上拉出一個乾淨、有塑膠保護膜的塑膠包裝，然後排隊在收銀台前冗長等待的體驗，香奈兒的購買體驗更稀罕、更豪華、更有樂趣。我認為露華濃以及它的藥妝店合作夥伴，可以從香奈兒那邊學到很多關於培養美感貨幣和讓銷售成長的祕訣，而不必然需要提高成本或售價。

在每支唇膏上多投資幾分錢，露華濃可以改換第二層包裝的造型，把唇膏裝在合適的小盒子裡，讓它看起來更獨特、更像一份禮物。（一提到銷售美妝品，就要考量到自我餽贈的儀式。）此外，露華濃也可以把它的名稱或商標刻印在唇膏上；以香奈兒來說，這個設計元素讓實際使用時帶有特色、較有辨識性。露華濃也可以考慮重新設計它的廣告文案，目前的廣告只著重它的功能性（「無蠟凝膠技術」），缺少了像香奈兒廣告裡誘人的視覺線索，和更有力與有原創性的照片風格。

在產品銷售方面，露華濃可以按照它的妝品系列（「超持色系列」〔ColorStay〕、「超上鏡系列」〔PhotoReady〕）或是造型（煙燻黑眼〔smoky eye〕、悶熱搖滾〔sultry rocker〕），而不是它的類別（唇膏、眼影）來推出它的商品。這可以導引消費者，不只是（為解決問題）購買個別的項目，而是依據季節組合或整體風格來購買。最重要的是，這可以提供消費者夢想。一提到化妝品，消費者想買到的體驗，是透過整套購買取得客製化、彷彿是為自己量身打造的產品。

指甲油品牌Essie在這方面做得很好。Essie和露華濃一樣，也是以香奈兒美甲產品零頭的價格在大商場裡銷售（在塔吉特零售商店〔Target〕最低起價九．九九美元，相較於香奈兒Le Vernis在內曼．馬庫斯百貨的售價是廿八美元）。Essie的創新之處是它鮮明的瓶子，在設計上把最大空間分配給了瓶身；甚至品牌名稱Essie也是印在瓶身，而不是另外貼一張可能遮住瓶子內容物的標籤。更重要的是，Essie個別指甲油的顏色，不是依功能而是根據情緒做經典式的命名（例如用「芭蕾舞鞋」取代淺粉紅色，用「尺寸重要」來取代亮紅色），如此創造出品牌價值與吸引力。

講究聲音和形狀的好味道

烹調的口味，並不像其他四種感官一樣經常發揮作用。不過，任何經手食材的人，把味覺周遭的各種感覺弄對是必要的工作。就算是來自最新鮮、最高品質的原料，經過妥善料理的餐點，也可能因為某些因素，讓最美味的餐點、零食、或調酒變成一場災難。我們從簡單一點的東西開始，例如杯中的酒。玻璃杯的厚度愈薄，葡萄酒的風味就愈好。這並不是勢利的說法，而是科學。化學家說，葡萄酒在某些形狀和厚度的玻璃杯中，散發出的氣味會不一樣，這對我們品嚐葡萄酒會有正面或負面的效果。[17]

一般認為，品味香檳時使用細長的笛型杯（flute）味道最好，而老式（但仍然迷人）的碟型杯（coupe）則會讓氣泡快速消散。實際上，好的香檳放在精緻的細長白酒杯裡風味最佳。餐廳（和其他地方）把上好的香檳倒在笛型杯或是碟型杯裡，其實減損了飲酒的體驗。酩悅．軒尼詩的私人客戶總監塞斯．巴克斯（Seth Box）說：「笛型杯讓酒持續冒出氣泡，而我們喜歡香檳的原因是因為它的氣泡，」他擁有包括庫克香檳（Krug）、酩悅香檳（Moët & Chandon）和凱歌香檳在內，全球最好的品牌香檳。不過，笛型杯會讓你無法體驗酒的香氣，這是品味體驗的一部分。巴克斯說：「你沒辦法把你的鼻子伸進窄窄的笛型杯裡。」

史蒂芬．柯爾彭（Steven Kolpan）是位於紐約海德公園的美國廚藝學院（Culinary Institute of America）教授和葡萄酒研究主任，他談到了與友人到餐廳的故事，在餐廳裡他選擇了一個和餐點搭配的特別葡萄酒。餐廳老闆同意了，並且以專業方式提供上酒的服務。「但是接下來他把酒杯送到餐桌，杯子很糟糕，那是一個杯壁很厚的大肚杯，它會讓所有的白酒變酸，讓所有的紅酒變苦，」他寫道。「酒因為『尾韻』消失，也就是美妙餘勁變短暫、風味受損。我很沮喪。這些酒放在糟糕的杯子裡，喝起來就變得同樣糟糕。而糟糕的酒完全不能提升細心準備的食物，對桌上的客人和餐廳裡努力工作的人是個雙輸的局面。」[18]

柯爾彭在家裡安排了品酒會來測試他的理論，把酒分別倒在「果凍杯」、標準酒杯，以及超薄的力多（Riedel）杯。他的朋友們感覺在比較精緻、較薄的酒杯裡酒會「飄起來」（這說明了我們品酒的時候同時用到了舌頭和眼睛），不過酒還是在最薄的杯子裡品嚐起來最好。「我們發現了口味和香氣的複雜性和平衡度的增加，而且非常明顯。它們有著難以置信的差別：好的酒在果凍杯裡喝起來像廉價劣酒，在理想的酒杯裡則神奇美妙。」柯爾彭說，在不同的杯子裡，葡萄酒的口味差異是如此巨大，人們往往不相信自己喝的是同樣的酒。[19]

餐廳要講求營業額和器皿的耐久性，當然還是可以提供適當的酒杯，以兼顧妥善品酒和消費者的體驗。德爾福里斯克牛排館從二〇一七年十月開始更換酒杯讓體驗升級。這個餐廳的顧客們很懂酒，特別是紅酒，因此必須符合顧客的期待和提升飲酒的體驗。

「我們的酒單強調的是飽滿、濃烈的紅酒。你在推出酒類方案的時候，必須是顧客喜歡、能提升飲酒體驗、並符合忙碌餐廳的方案。」這家連鎖店的前酒類主管潔西卡·諾里斯（Jessica Norris）如此說。「我們的全功能型玻璃杯，史匹格勞（Spiegelau）的『夜系列』（Soiree），裝什麼東西都適合。它是高品質的水晶杯，而且很耐久。它是優雅的杯子。」這種杯子是放在餐桌上，顧客一進來就能用來喝按杯計價的酒類飲料。「如果有人點一整瓶酒，我們會進一步升級，提供史匹格勞的『比佛利山』（Beverly Hills）。顧客如果點一瓶超過五〇〇美元的酒，我們就提供力多的『侍酒師』（Sommelier）手工水晶杯。」[20]如此一來，酒的體驗與酒杯相吻合。更換玻璃杯對於增加這家牛排連鎖店酒類銷量，扮演了很重要的角色。

另一個具啟發性的例子，是飛機上的食物口味，大部分人都覺得飛機餐乏味、引不起食慾。由於我們的腦會自然把各種感官的訊息結合在一起，所以聲音會影響味覺。研究顯示，當我們坐在加壓的機艙裡，從通心粉到葡萄酒，食物的美味，或至少是我們感受美味的能力都是直線降低。牛津大學實驗心理學教授查爾斯・史賓斯（Charles Spence）說，這是由於幾個生物學上的原因：較低的氣壓、濕度太低、以及背景的噪音。根據美國航空公司機上餐飲與零售主管魯斯・布朗（Russ Brown）的說法，在三萬英尺的高空，我們味覺和嗅覺的感官會最先走調。美味的感受是這二者的結合，而我們對鹹味和甜味的感受，在加壓的機艙裡可能會降低大約三〇％。不過，飛機的環境並不只會影響我們的味蕾。大約有八〇％的人們以為品嚐靠的是味覺，實際上是透過嗅覺。嗅覺需要靠氣化的鼻腔黏膜，乾燥的機艙讓我們氣味的接收器無法正常運作，讓食物吃起來的美味減半。[21]

味覺和其他感官相互影響最有趣的一些研究，探討某種味道和音樂高低之間的關聯，以及這些樂音如何影響人的味道感知。明確地說，甜味或酸味與高音有關，而苦味和鮮味則配合低音。鋼琴和一些弦樂器會連結到甜美愉悅的味道，而苦味和酸味則與強烈的聲音以及銅管和木管樂器相關。同一個研究團隊的後續研究發現，配合苦味或甜味的樂曲可以影響到對食物甜度的認知。背景噪音是否會提升或降低食物的味覺，目前仍沒有定論；它或許要依攝取的食物類型或是特定的味覺，以及背景音的本質和音調高低而定。[22]

音效與我們的偏好

聲音主要從四個方面影響我們。第一個是生理上的：我們聽到警報器、打鬥聲、或是狗發出咆哮時，會有「要對抗還是該逃命」的反應，我們聽到海浪聲或鳥囀這類撫慰的聲音，則會感覺平靜、心跳變緩和（當鳥兒停止鳴叫，我們才會開始擔心）。第二個是心理上的。舉例來說，音樂影響我們的情緒狀態。悲傷的音樂令我們憂愁傷感，快節奏的音樂讓我們開心雀躍。自然音對情緒也會有影響；唱歌的鳥兒除了帶來生理上的舒適，也會給我們歡樂的感覺。第三個影響是認知上的。在開放式辦公室中工作，周邊有許多人交談時的工作效率，僅是在個人安靜辦公室工作的六六%。開放式的辦公室在科技業熱潮中曾經大為流行，如今仍被許多公司採用，但對公司未必帶來好處。

第四個是行為上的影響。如果你開車時聽快節奏音樂，你會發現自己也正猛踩油門。如果你聽的是帕海貝爾（Pachelbel）的《卡農》（*Canon*），你可能在速限五十五英里的區域以四十五英里的時速慢慢來。聲音甚至決定了我們選擇吃什麼。研究發現，人們置身大聲的音樂中，比較可能選擇偏甜或高卡路里的零食和垃圾食物，但是聆聽輕鬆、愉快的音樂時，會選擇較健康的食品。「喧嘩的音樂具刺激作用，會讓人身體興奮、較無節制、更可能做放縱的選擇，」南佛州大學坦帕校區的商業與行銷教授迪帕揚．比斯瓦斯（Dipayan Biswas）說。「沉靜的音樂讓我們較放鬆、較專注、更能吃下一些長期而言對身體有好處的東西。」[23]

而且，我們通常會避開不愉快的聲音（例如城市人行道旁正在大興土木），而會受到愉快音樂的吸引（例如冰淇淋車的宣傳音樂）。讓人遺憾的是，不好的聲音對零售業（以及其他商務）的空間有不良的影響：大約有三〇%的人聽到店裡不愉快的音樂就會離開。[24]

超市裡常會運用「電梯音樂」，目的是讓你腳步放慢、多停留片刻、再多買一些。快節奏的音樂常用在餐廳的出入口，提振顧客和員工的精神並加速翻桌的速度，但如果節奏太惱人，顧客可能乾脆就不進門了。經典的法式餐飲可能用愛迪絲．琵雅芙（Edith Piaf）的香頌做背景音樂來設定餐廳氣氛和步調；但如果音量太大、影響到你說話和聽你的同伴說話，那麼播放法蘭克．辛納屈（Frank Sinatra）輕柔歌曲的義大利餐廳，也許能征服你的心。服飾店裡如果音樂震天價響，有可能減低你閒逛和試穿的興致，對商店本身和對顧客都沒好處。

啟動與再啟動：感官行銷

感官的感受可能稍縱即逝，與它們相關的情緒則會持續很久。因此，行銷人員應該注意消費者在體驗之前、其中、以及之後的感官效應。在思考如何與人們的感官互動時，**每個細節**都重要。感官上的互動必須強而有力。或許感官的感受不讓人愉悅，但也絕對不應該令人不快。讓人翻胃的雲霄飛車之旅、古馳品牌的「醜時尚」、以及刺耳的重金屬音樂，對熱情粉絲都有某種吸引力。它們知道他們的死忠粉絲何在，也知道如何透過強烈感官來吸引他們，儘管其他人可能因此感覺不舒服。

我想到的經典案例是布魯明岱爾（Bloomingdale's）百貨公司的女店員對著顧客噴香水，不管他們想不想要。或許香水好聞，也可能聞起來不怎麼樣，無論如何，這種體驗令人不快，因為這個作法太過強勢。如今在百貨公司銷售香水的方式出現了很大的改變，因為零售業者知道這種方式[25]不只是對感官的攻擊，也是對人的攻擊。如今許多零售業者訓練銷售員要詢問顧客喜歡什麼香味，傾聽他們的回答，再請求他們試用符合個人品味的香水。

勞斯萊斯（Rolls-Royce）在它更新製造方法，用包皮革的塑膠材質取代車子裡原本的木質原料時，發現了氣味與利潤的關係。消費者不喜歡塑膠散發的氣味——這並不是他們所期待勞斯萊斯的豪華「新車氣味」。銷售下滑了。勞斯萊斯很明智地詢問消費者為何排斥它們的新車款。消費者說，舊的車款聞起來有「美好的木材味」，而新車款聞起來是製造過程用了塑膠。這只是新車款銷售量下滑的原因之一（另外，窗戶和儀表板也變得缺乏質感，因為它們使用了較輕的材質），不過這個原因非常重要。人們對於一個產品的期待，決定了他們如何與產品在感官上互動。勞斯萊斯解決問題的方式，是找來氣味專家並且開發出模仿舊型車款的木頭氣味，用的是以一九六五年勞斯萊斯「銀雲」（Silver Cloud）車款為模型。在車子製造完成後，把氣味加入內裝。[26]

星巴克也發現氣味與獲利息息相關。和勞斯萊斯一樣，它們是從早餐三明治為店裡帶來不受歡迎、顧客預期之外的氣味後，學到了教訓。在二〇〇八年，消費者回頭率下降和三明治的氣味有直接相關。這氣味讓一些死忠顧客離它而去，也影響了期待到店裡享受咖啡香味的人，最終整體的來店體驗受到了損害。[27]這個三明治被撤架並且改變配方，再次推出後已少了令人不快的氣味。

氣味也和文化有關，因此為了投消費者所好，企業必須牢記什麼人會買，他們對氣味的期待是什麼。根據氣味專家和「氣味未來」（Future of Smell），這家專門研究氣味的科學、心理學、和設計的公司，主管奧莉薇亞・傑茲勒（Olivia Jezler）指出，對美國人而言，「乾淨」的代表氣味是汰漬（Tide）洗衣粉[28]。相對之下，她說中國和印度對乾淨氣味的想法截然不同。以草藥為主的中醫，以及印度的阿育吠陀醫學，影響了他們對乾淨的概念。在這些國家，跟乾淨聯想在一起的東西，會比美國人更有土味和草藥味，而美國人則較傾向花香味。

我在本書會不斷回到感官的主題，因為它們是美學提供的一切解決方案的根本關鍵。它們是理解你的事業成功或失敗的要項。公司要成功，必須準確而仔細地識別獨特且「可擁有的」（ownable）概念來支撐公司的價值主張，然後去設想如何透過感官來傳遞這些概念。以耐吉（Nike）而言，它的概念是「內在英雄」：傳遞這個概念不光是靠它彎勾商標和"Just Do It"的口號，同時還有它特色獨具的「鬆餅鞋跟」（waffle heel），讓穿著的人感覺像即將上場的明星運動員。李施德霖（Listerine）的概念，是以它薄荷新鮮感解脫人們不良口氣的尷尬，透過它強烈藥水氣味和口中澀辣口感，以及它清澈水藍顏色來表現。李施德霖的主張是「乾淨」，因為這些特質代表了「薄荷」，而薄荷長久以來就被當成是口氣的清新劑。[29]李施德霖確實也包含了四種非常有效的薄荷油成分（桉葉油醇、薄荷醇、水楊酸甲酯、百里酚）。[30]

要與人們感官互動並提升你的品牌，首先必須理解你的品牌符碼，以及如何以感官來提升這些符碼，並吸引消費者注意。品牌符碼是一個特定品牌清楚、明確、可見的辨識物。它們是醒目提示，像是香奈兒的絎縫皮革（quilted leather）或是《紐約時報》的頭條標題字型，它們有別於品牌可銷售的產品（這裡指的是香奈兒的皮包或是《紐約時報》的報紙）。它與「品牌DNA」未盡相同，品牌的DNA可能包括品牌看不見的一些元素，像是品牌歷史，或是它的價值或社會目的。建立強有力的符碼要經歷很長一段時間，而且幾乎很少會改變。我們接下來會處理品牌符碼的課題，包括：如何判定哪些符碼定義了你的公司，以及如何識別哪些可以成為新興品牌的持久符碼。

3 破解符碼

——品牌符碼如何展現力量——

認識品牌的感官提示與情緒觸發

諾基亞（Nokia）的手機鈴聲，也稱為「大圓舞曲」（Grande Valse）[1]，是手機上第一個可識別的鈴聲。諾基亞在一九九〇年代初引用，不過它最初是西班牙作曲家法蘭西斯柯．泰雷加（Francisco Tárrega）在一九〇二年為吉他獨奏所譜寫的樂曲。如今它每秒鐘在全世界的手機上大約被播放兩萬次。[2]諾基亞的音樂設計主管塔皮歐．哈肯恩（Tapio Hakanen）在二〇一四年告訴記者，儘管現在聽起來算不上特別，不過在鈴聲被引入的當初，採用輕柔的原聲吉他演奏當手機鈴聲是很不尋常的。「它反映的是諾基亞的標語『與人連結』（connecting people），科技始終來自於人性。這在當時非常鮮活。」或許可以說，這個鈴聲的大受歡迎，預告了手機裝置把全世界人們連結在一起，以科技啟動人類進化的力量。[3]

偉大企業是建立在成千上萬的構成元素上，不過偉大品牌的建立只依靠幾個強有力的符碼。「大圓舞曲」成了諾基亞最重要的品牌符碼之一，或許是最無可取代的。品牌符碼是什麼？它們是品牌清楚、明確的辨識物或記號，它能掌握品牌在哲學和美學觀點的精髓。我們不該把品牌符碼和品牌商標弄混了，儘管經典的商標也可能是眾多不同符碼之一。品牌符碼也不同於品牌DNA——它通常是建立在品牌歷史、價值、社會目標（或「使命」）這類的元素上；因為在本質上DNA是概念性的，而非感官的。或許最重要的是，符碼獨立於品牌的可銷售產品之外，但是它們在有意或無意之間，把消費者和產品所引發的概念、記憶和情緒連結在一起，並在這過程中驅策消費者去購買它們。

符碼可以讓人觀看、感受、聆聽，甚至在空間中體驗。事實上，符碼在產品的內外與周遭俯拾皆是。比如說，強有力的標語可能創造充滿情感的連結，激發出對相關產品的慾望。例如福爵咖啡（Folger's）的廣告詞「起床最棒的一部分」（The best part of waking up）、可口可樂的「我想教世界歌唱」（I'd like to teach the world to sing）、以及咪咪樂貓糧（Meow Mix）的「喵，喵，喵，喵」，它們喚起了晨間的嶄新開始、心手相連的社群、以及寵物甜美迷人的愉快感受。符碼存在於聲音之中；諸如諾基亞的音樂、綠巨人（Jolly Green Giant）「呵呵呵」的笑聲、或是米高梅電影（MGM）的獅吼，都能產生相似的強烈關聯性。

強烈的視覺符碼，表現於對特定顏色的應用和「擁有」，像是哈佛大學官方的緋紅色、吉百利（Cadbury）巧克力的皇家紫色，以及凱歌香檳的蛋黃色。雅詩蘭黛夫人為她的護膚產品瓶罐選擇了淡青綠色，她認定這個顏色很能搭配顧客的浴室裝潢，激發她們驕傲地把這些乳液瓶展示在化妝櫃台上。這個選色讓瓶子格外醒目、一眼就能辨識，同時也表達她對優雅的看法，讓人聯想到歐洲貴族愛用的中國風。如今這個品牌在產品包裝上運用了更多的顏色，包括棕銅色和亮白色，不過最經典的乳霜和乳液仍舊保留了東方藍。

符碼也出現在吉祥物身上，像是麥當勞叔叔（Ronald McDonald）、勁量兔（Energizer bunny）、貝氏堡的麵糰寶寶（Pillsbury Doughboy）、星琪的金槍魚查理（StarKist's Charlie the Tuna）。符碼甚至存在於質感，如香奈兒的呢絨外套、Levi's的酸洗牛仔褲、班傑利（Ben

& Jerry）冰淇淋的超大塊混搭組合（編按：參考本書第五章）；還有產品的外型，像是最早期福斯金龜車（Volkswagen Beetle）的招牌圓形車型，品客（Pringles）的圓筒罐，以及三宅一生（Issey Miyake）利用曲折縐褶、在女性身上創造的新穎建築形式。

符碼也可見於空間和建築設計，例如蘋果電腦在店內陳列、或是內建在牆上的背光蘋果。不止如此，蘋果的開放空間，從地板到天花板的玻璃帷幕，以及機庫門大小的入口都是讓人容易辨識的特色。這些元素不只讓蘋果與周遭其他的商店有所區別，同時也藉著模糊內部與外部的界線，讓人們把注意力（以及手指頭）放在產品的展示，產品是蘋果舞台上的主角，邀請人們入內欣賞。有趣的是，當其他零售商試圖複製蘋果的設計方式，它們多半會失敗，因為這些模仿只是讓人感覺做作而缺乏魅力。

在一九五〇年代，霍華德．迪林．強生（Howard Deering Johnson）為他創辦的餐廳引入一個搶眼、創新的建築設計。行家們口中的「豪生」（HoJo's），提供了屬於那個時代最經典的建築符碼。這家連鎖餐廳有著三角形亮橙色的屋頂和直通天際的藍色尖塔，它們向疲倦的開車族招手，讓他們知道，在這裡可以吃到溫熱麵包的烤熱狗、烤蛤蜊，以及二十八種口味的冰淇淋，再配上一杯濃濃的黑咖啡，就足以提供他們繼續上路的精力。稍後，這家連鎖餐廳又增設了附屬的飯店，讓疲倦的公路戰士，載了一車孩子要去「看看美國」的出遊家庭，以及想暫時離開露營車、在外住一晚的退休人士有休息的地方。它橙色的屋頂成了一致性的符碼，讓開車族和外宿的人前來依靠。

強生於一九二五年創立餐廳，他與建築師和建築工人們合作，確認這些隨著美國不斷擴展的高速公路系統所開設的連鎖店，不論地點在何處，它們在外觀上都能與菜單和店內環境陳設具有一致性。[4]不管你是在緬因州還是愛荷華州，都會知道店裡有什麼東西。你今天在這家豪生餐廳吃到的東西，和遠在一百英里之前的餐廳裡所享用的，或是再過二百五十英里之後你遇到的餐廳裡的東西都一樣。「連鎖店設計是一種品管操作，」菲利浦・朗頓（Philip Langdon）在他的《橙色屋頂、黃金拱門：美國連鎖餐廳的建築》（*Orange Roofs, Golden Arches: The Architecture of American Chain Restaurants*）寫道：「店與店的差別通常僅是極小部分。不符合標準之處，都可能損害連鎖店的名聲。不過，有太多明顯超越一般的設計也可能帶來麻煩，因為它們會讓消費者對其他分店所供應的東西有錯誤的期待。一致性至關重要。」[5]

只要美國消費者繼續渴望一致性與可預測性，並期盼開車做漫長旅行「看看美國」，這些符碼就可以為公司帶來好處。強生了解到，在經過一天漫長的開車，見識一些新地方之後，想像中和家裡一樣舒適的地方（而且不用打掃）一定會受到熱烈歡迎。因此，他最早期的餐廳，是根據新英格蘭有斜面屋頂圓頂篷的教堂，或市政廳的造型打造。「新英格蘭市政廳」本身就是個符碼，它代表了歡迎、安全和老派的待客之道，而為強生所借用。朗頓說，陶瓷和金屬的屋瓦漆成了橙色，讓它遠遠就可以抓住開車者的目光。[6]然而，當美國人的渴望出現改變，豪生餐廳卻沒有隨之調整，這公司也失去了它的優勢。「經濟上的基本面造成了它的大衰退。」達特茅斯學院的塔克商學院商業管理教授安德魯．金恩（Andrew King），和溫哥華英屬哥倫比亞大學研究生巴吉爾．巴塔托格托克（Baljir Baatartogtokh）寫道。

「雖然許多舊連鎖店（像是豪生餐廳和冰雪皇后〔Dairy Queen〕）仍設法存活了下來，一些新公司（像是麥當勞和漢堡王）證明了較好的連鎖店模式，最終成了大贏家。」[7]

大致而言，消費者購買產品和服務，根據的是店家供應的東西帶給他們的感受。如果提供的東西跟不上消費者變化的腳步，生意就會失敗。豪生就是明顯的案例。一家公司光是透過產品設計來誘發情感是件極端困難的事。品牌符碼提供了遠超過個別產品的意義和情緒的共鳴。它們是品牌最有價值的資產之一，因為它們鍛造出人和產品之間強大而持久的情感連結。在本質上，它們構成了產品的吸引力，或是經濟學家口中所謂的「需求」（demand）。

符碼如何演進

符碼的孕生和演變是有機的、漸進的，而且並非刻意為之。它們通常發軔自公司創辦人的核心原則和個人偏好。品牌符碼並不是本身作為符碼才被創造出來；它們是更廣泛的創造過程附帶產生的結果。符碼如果設計良好，並且持續融入品牌發展的努力，它會變成品牌最有辨識力的元素，持續代表著品牌的故事、品牌的體驗，以及產品中最重要且可資紀念的東西。在本質上，符碼挖掘我們的慾望，並創造出神祕的幻象供我們夢想。

符碼所暗示的神話會隨著時間進展與品牌合而為一。符碼成了比產品本身更有說服力的敘事代稱。舉例來說，法國奢侈品牌愛馬仕最顯著的符碼，是一幅由馬拉著「Duc」馬車的商標。這家公司是在一八〇〇年代由泰瑞・愛馬仕（Thierry Hermès）在巴黎創立，當時是專門為歐洲貴族打造馬具的工坊。愛馬仕在馬車和馬具這個產業製作了最精美的鞍轡和韁繩。因此馬兒確實也是品牌的客戶。兩百年之後，這個符碼仍舊代表愛馬仕對傳統歐洲工匠技藝的努力，一種稀有但低調的精緻。

一般而言，傳承愈是豐富、積累愈是深厚，符碼就更加強大而持久。我們在看老品牌時，問一問自己：這個創辦者對他或她的企業所主張的基本信念是什麼？這些原則如何與這個企業發展的背景脈絡相關聯（也就是時間／地點／其他可變數）？還有，這些符碼在時間、文化，和環境的變化中如何維持相關性？

不過，即便是較年輕的公司和新創公司也有它的傳承。較新的公司，它的傳承往往存於企業的脈絡之中。舉例來說，亞馬遜有它的符碼（像是從A指向Z的橘色箭頭、圖示的購物車標誌、以及清楚易讀的福魯提格字體〔Frutiger font〕），它們都傳遞公司對無障礙讀取、價值、便利的堅定承諾。

同樣地，蘋果並不像路易．威登或是Levi's，有追溯到十九世紀的歷史，但是它知名的創辦人史蒂夫．賈伯斯（Steve Jobs）踏入業界時，正是科技開始重新改造文化和社會的時刻。同時他成長在根植於現代主義建築的時代（二十世紀中葉）和地點（舊金山灣區），人們稱之為「加州現代」（California Modern）。事實上，他從小住的房子也是模仿約瑟夫．艾克勒（Joseph Eichler）經典住宅設計，其設計以天窗、潔淨線條、和大片玻璃來抹除室內外的界線。不令人意外，半個世紀後蘋果的美學，其簡潔而輕鬆的風格也模仿了艾克勒的美學。在《史密森尼期刊》（*Smithsonian*）的專訪中，賈伯斯的傳記作者華特．艾薩克森（Walter

Isaacson）提到，艾克勒建築的精神，正是蘋果最初的願景，是賈伯斯在第一部麥金塔電腦嘗試要做到，和他在iPod中達成的精神。[8]

唐娜·卡倫（Donna Karan）在一九八〇年代初的曼哈頓踏入時尚設計圈，當時的社會潮流塑造了她的傳承與相對應的美學；即金融市場正蓬勃發展，女性開始在職場升遷。這些女性尋求光鮮、但具有女性特質的專業服飾，既具備力量和權力，同時也性感、輕鬆、而且舒適。卡倫的設計呼應了當時女性管理階層應有的穿著打扮：女性版的灰色法蘭絨套裝，再加上黑色或深藍色的小領結，以及方便她們趕公車的運動鞋（黑色的高跟鞋則俐落地塞進手提箱裡）。運動鞋的流行，起源於一九八〇年紐約運輸系統罷工，當時的女性被迫跟其他人一樣走路上班。不過即使在罷工之後，它仍然是上班族女性的標準配備。[9]卡倫感興趣的是，創造一個看起來專業，在任何會議室裡都會被人認真對待，但同時仍讚頌而非遮掩女性特質的穿著。

不管是句廣告詞、一個吉祥物、或是商標，符碼要成為令人印象鮮明的經典，關鍵是什麼？讓人能夠立刻識別該產品或服務，並加以強烈連結的祕方是什麼？有四個重要的判別標準，讓我們來區分強符碼和弱符碼。強符碼是可受時間考驗的、精確而特定的、可擁有的、有相關性的。

（一）經得起時間考驗

強有力的符碼會演進，而且如前面所述，往往不被當成是符碼。最強有力的符碼隨時間強化，而且幾乎不會改變。即使真的有改變，方式也是溫和而漸進的。香奈兒的經典軟呢短外套一開始並不是品牌符碼，不過它漸漸成了一個符碼，並一直是品牌的鮮明代表款式。布料本身是香奈兒本人在一九二四年委託訂做，靈感來自她當時的戀人西敏公爵（Duke of Westminster）所穿的運動服裝。香奈兒要一家蘇格蘭工廠製作了第一批呢絨，她用來製作了包括套裝和外套的運動服。一直到一九五四年，軟呢絨才真正成為單獨的材質，並用以製作如今大家所熟悉的香奈兒外套。[10]

我個人認為，在時尚界沒有其他東西比這件經典外套更具代表性，它有編織的裝飾、真正的鈕釦孔、以及縫入內襯底邊的小金屬鏈，用來確保穿在身上時不會走樣。雖然外套的設計因應時代而出現新的顏色，剪裁也有些微調整，但它的基本輪廓仍很接近一九五四年的原創，可讓人馬上就辨認出來。它在當年是新潮與簡潔的精彩案例，到今天它仍是如此。即使是在極度強調跨界的一九八〇年代，它依舊是時尚人士衣櫃裡最渴望擁有的單品。你在香奈兒的官網上仍舊可找到經典的香奈兒軟呢短外套。即使是在次級市場，套裝也仍維持高檔價格。[11]外套的基本設計和結構，從設計出來後幾乎沒有變化。外套傳遞強烈的訊息：穿它的人富裕、合宜、品味良好、懂得好品質。一件外套就傳達這麼多的東西。不光是它的樣式，這件外套符碼的力量，也一再被無數品牌與製造商效仿。[12]

歷經時間考驗的符碼，不只是被時尚界所援用。正統食品公司也借助符碼的力量來獲利。稍早前我提到過綠巨人罐頭食品「呵呵呵」的笑聲。這個廣告詞長久以來就和冷凍豆子和蔬菜聯想在一起。綠巨人的「呵呵呵」，從一九二五年出現之後就沒改變過，儘管巨人自問世以來，不斷經歷一些微妙的改良。他變得更高、外貌更好看、顏色更鮮綠。即使有這些修改，他仍可以馬上被認出是公司的吉祥物，[13]而且，作為大型、閃亮的蔬果符碼，他在同類型產品中無人可敵。就算人們買了其他品牌的產品，歡樂綠巨人的影像，還是會永遠印刻在超市冷凍食品區許多購物者的腦海裡。

就算是以較小眾族群為市場目標的品牌，也能擁有歷經時間考驗的符碼，讓產業之外的人們馬上辨認出來。以哈雷機車（Harley-Davidson）為例，大批從未騎過重型機車、也沒有興趣嘗試的人，仍然可以馬上辨認並心存崇拜。哈雷的商標是個符碼，它車子的粗獷陽剛氣也是，不過它最強烈的符碼，與它在美國流行文化的地位有關。隨便問一個人哈雷的意思是什麼，你得到的都是類似的回應：反叛、自由、不從眾、法外逍遙，但同時也是愛國、陽剛氣和年輕（儘管事實上重機騎士如今的平均年齡是四十八歲）。[14]哈雷騎士們共同的特點是渴望自由，而哈雷的符碼所代表的，正是對自由的承諾和刺激快感。

（二）精確而特定

強符碼用的一定不是通性的描述，而是極度準確而特定。舉例來說，優比速快遞（UPS）著名的顏色不叫棕色，而是註冊商標的「普爾曼」棕色（"Pullman" brown）。3M公司的「便利貼」不是黃色，它們是金絲雀黃。愛馬仕擁有明確的燃橙色（burnt orange）。路易·威登有它特殊的棕色：「老勃艮第色」和「土色」。蒂芙尼的顏色不是普通的藍色。它不是水藍色、天藍色或者青綠色；它是「知更鳥蛋藍」。它是Pantone配色系統編號第一八三七號的顏色。蒂芙尼從一八四五年，距離公司創立不到十年內，開始在它的「藍皮書」上使用這個獨特的知更鳥蛋藍。如今算來，這已經是近兩個世紀的品牌打造。

商標的符碼也是類似的情況。星巴克所使用的，並不是只有一個尾巴的舊美人魚（來自童話的艾莉兒）；它用的是靈感來自古代北歐木刻，有兩個尾巴的綠色女妖。（星巴克的名字來自赫曼·梅爾維爾〔Herman Melville〕著名小說《白鯨記》的角色。「史塔巴克」〔Starbuck〕是阿哈布船長在「裴廓德號」船上的大副。他是一位以善心知名的桂格派教徒。）根據星巴克全球創意工作室的創意總監史蒂夫·穆瑞（Steve Murray）的說法：「她是我們品牌最重大的象徵。」她和星巴克，以及和咖啡的關聯是什麼？首先，這家公司就創立於西雅圖的普吉特海灣邊，因此它和大海有強烈的連結。其次，咖啡豆要經過漫長旅行（來自遙遠的異域像是衣索比亞、肯亞和哥倫比亞），以大型貨櫃輪船運送。美人魚（根據神話）也是創生自異域，在大海中旅行，以她們的美貌和魅力誘惑水手們。[15]第三點，希臘神話中賽蓮女妖們（sirens）誘惑著水手，這就如星巴克誘惑著咖啡的愛好者。關於賽蓮的確切描述，正是我們一想到星巴克時會記得的事。

（三）可擁有的

強而有意義的符碼具備了特定性，因此許多公司和機構會極力保護它們受到侵犯，在法律上註冊為商標，並熱切追討任何想要竊占它們加以圖利的人。這也讓我們討論到強符碼的下一個特色：可擁有性。

姑且不論在智慧財產方面的限制，強符碼本身就難以被他人所複製。甚至在被複製後，它們仍會與它們原本品牌的「擁有者」緊密相關聯。想想看，華特．迪士尼所使用的米老鼠耳朵圖案，或是靈感來自新天鵝城堡的城堡造型，或是希臘餐廳提供客人外帶的安索拉（Anthora）紙杯，它的杯子字形類似希臘字母，而藍、白雙色的設計則源自希臘的國旗。再想想Le Creuset荷蘭鍋鍋蓋上的圓圈。在上述這些例子裡，老鼠、城堡、紙咖啡杯，或上釉的鑄鐵鍋，還有像是寶緹嘉（Bottega Veneta）獨有的皮革編織、或伊姆斯夫婦（Charles and Ray Eames）的曲面造型塑膠椅，公司的符碼與最初讓它們登上市場舞台的品牌，有著深刻而且長久的連結。

符碼與品牌有著千絲萬縷的關聯，以至於當人們看到它被其他品牌使用時會覺得不搭調，它與原本品牌的關聯依然強烈，受到原擁有者的嚴密保護。迪士尼的老鼠耳朵代表的不只是米奇而已；它們還傳達了趣味和異想天開、童年夢想、天真以及魅力。在二〇一四年，迪士尼公司對一位流行音樂ＤＪ提告，因為他在全球巡迴表演時戴了像老鼠耳朵的頭盔。迪士尼說這位以"Deadmau5"為藝名的ＤＪ喬爾・齊默曼（Joel Zimmerman），使用了類似迪士尼老鼠耳朵的商標，但是他的使用方式並不符合迪士尼想要傳遞的故事。這個官司在二〇一五年達成和解，[16]這位ＤＪ仍繼續用這個老鼠的大耳朵，作為他個人品牌的一部分。

紐約市的大都會運輸署也曾為了保護它的智慧財產，打過類似的官司，有些案子甚至轟轟烈烈。在二〇一一年，運輸署警告了哈佛大學警察局，說他們在未經許可的情況下，使用了它們的標語「看到問題，立即發聲。」（If you see something, say something.）[17]

哈佛大學同樣也在保護自己的符碼，特別是有人把「哈佛」當成品牌名稱時。當你一聽到「哈佛」這個詞，你想到的是什麼？最高學府、世界級的學術研究、一路可回溯到一六三六年的豐富美國歷史、還有許多偉大領袖曾在這裡就讀的歷史淵源。哈佛熱切保護學校名稱（以及最有標誌性的符碼）的眾多例子之一，是二〇〇一年對一家名為哈佛生科（Harvard Bioscience）的民間公司提起上訴，指控它隨意在網站上使用了哈佛的名稱，以及學校代表色緋紅色。[18]如今在哈佛生科公司的網站上有一個免責聲明，解釋「哈佛為哈佛大學的登記商標。哈佛儀器與生物科技公司目前使用的商標是依據哈佛大學與哈佛生科公司之間的許可協議。」[19]

（四）相關性

強符碼連結到一個品牌的其他面向。它們並不是孤立發展，這也是它們讓人感覺真誠可信之處。舉例來說，蒂芙尼藍，這種藍綠色的組合，引發又酷又平靜的感受。它同時代表恆久，而且絕不會不合時宜。這個顏色與寧靜、和平、繁榮和女性化相關，它們不落痕跡地連結到公司可銷售的核心產品如寶石，特別是鑽石、貴重金屬，以及水晶和瓷器這類精緻設計的家用物品。

蒂芙尼有深厚的歷史傳承，但仍給人現代感並維持相關性。品牌符碼不該被當成博物館的藝術藏品。它們仍必須實用和可被應用。行銷人員應該花時間理解，一個品牌傳承有哪些面向仍舊有高度相關性，哪些面向則只有歷史研究的價值。舉例來說，如我稍早提到，路易．威登的崛起，正逢蒸汽船時代第一波海外旅遊熱潮興起的時刻。威登先生是十九世紀中葉的法國行李箱製造商，他推出了一個平底的（可以疊放）、帆布材質（相對較輕巧）、而且氣密式（保護不受水損害）的行李箱。

路易．威登的帆布材質量輕而且實用，對當時大部分是搭乘蒸汽船的「現代」旅行正好適合。路易．威登一直是個奢侈品，長期受富裕階級喜愛。它對今天的高檔旅客仍有相關性。不過，全球旅遊如今對更多的人而言，都是渴望、興奮、而且可達成的，路易．威登於是成功地擴展了它的客層，成為一個令人渴望的品牌，而不再限於經常搭噴射機的超級富翁。它依靠的是它的廣告宣傳、商店的主題設計，還有它光鮮亮麗的「去飛翔、去航行、去旅遊吧」快閃行銷的策展，「回顧了自一八五四年迄今〈品牌〉的冒險歷程」，傳遞了強有力、現代、有一致性的訊息，將品牌與旅遊相連結。

食品公司貝蒂．克羅克（Betty Crocker）在一九九六年的重新改造後，放棄了公司兩個強符碼之一，它決定不再使用自一九二七年來就出現在品牌盒子上，和廣告裡代表公司品牌的褐髮主婦形象。[20]在如今對「家庭主婦」有多樣定義的時代裡，它的形象被認為不再有相關性、也不大準確。這是個明智的動作，因為這個圖像如果繼續堅持保留，可能對公司有不好的影響。在愈來愈多元的美國，一個穿紅外套的褐髮主婦就是缺乏相關性。不過，這家公司自一九五四年開始用的紅湯匙[21]，則是代表家庭、烘焙、甜美，清楚簡單的象徵。稍做修改就可維持它的相關性，無須大費周章的改造；而且湯匙形狀也是最簡單也最普遍的，全世界各種文化都使用湯匙。

好符碼變糟了

貝蒂．克羅克如果延續過往的居家風格、美國中年白人女性形象，這種老掉牙的符碼，將會讓它的品牌受到損害。它在二十一世紀是個錯誤的符碼。整體符碼的設定釀成了災難，最常見於實體的零售業，特別是百貨公司。不管是梅西百貨或是迪拉德百貨（Dillard's），遵循的都是幾十年來墨守成規、缺乏創意的店面設計。不令人意外的，它們給人感覺過時、同質性高、而且無趣。基本上，它們缺乏相關性的符碼，削弱了消費者對它們曾有的情感聯繫，這也是眾多傳統零售商如今生存困難、甚至宣告破產的另一個原因，例如克萊兒（Claire's）飾品百貨[22]、邦頓百貨（BonTon）[23]、運動權威（Sports Authority）運動用品店[24]，以及玩具反斗城（Toys 'R' Us）[25]。

這並不是說零售業對消費者失去了相關性。老品牌如路易．威登和古馳，找出了它們維持相關性的方法。ABC地毯家具（ABC Carpet & Home）（曾是我在紐約最喜歡的商店之一），以戲劇化的環境，為居家與裝潢產品的銷售創造了劇場感。旗艦店的內部設計猶如一條迷人的精品街，把瀏覽購物變成了一場活動。

巴黎零售商樂蓬馬歇百貨（Le Bon Marché）（另一家我最喜歡的商店），保留了它獨特的電扶梯設計和令人印象深刻的烹飪展示櫃「巴黎美食大百貨」（La Grande Épicerie de Paris），並且仍持續找出新的方法，在燈光明亮、令人驚歎的空間裡，把這些舊的符碼融入朝氣蓬勃而有創意的購物「時光」。樂蓬馬歇號稱是全世界第一家百貨公司，一八五二年在巴黎由法國創業家和零售商亞里斯提德・布希考（Aristide Boucicaut）與他的妻子瑪格麗特創立。他們想要開創「讓五感為之興奮的新類型商店」。它更大型的複製翻版，是由設計師路易－查爾斯・布瓦婁（Louis-Charles Boileau）和工程師古斯塔夫・艾菲爾（Gustave Eiffel）（沒錯，就是那位艾菲爾）所設計。[26]即使以今日的標準而言，布希考仍屬創新：他成功開發出許多「感官的」體驗與消費者對話，包括安排一個閱覽室，讓丈夫在妻子逛百貨時可以有地方放鬆心情；提供小孩子各種禮物和娛樂，印刷郵購目錄（事實上是全世界首創），以及舉行季節特賣，包括針對耶誕節過後的買氣降溫，安排床具「白色特賣」。[27]這家百貨持續以神奇的展示，精緻策展的部門，以及驚人的建築和裝潢，贏得本地人和遊客的讚歎。

亨利・本戴爾百貨（Henri Bendel）有個了不起的傳承。畢竟，它是美國第一家銷售香奈兒產品的零售商。[28]從一九五七年起至一九八六年，一直經營這家公司的傳奇人物葛拉汀・史特茲（Geraldine Stutz），她備受人們崇拜的原因，是她具有發掘最新和最有冒險精神的設計師的天分，並能搶先販售他們的產品。當中的設計師包括裴利．艾利斯（Perry Ellis）、珍．謬爾（Jean Muir）、桑妮雅．里基耶（Sonia Rykiel）、瑪麗．麥可法登（Mary McFadden）、卡洛斯．方馳（Carlos Falchi），以及雷夫．羅倫（Ralph Lauren）（如今正慶祝創立五十週年。編按：成立於一九六七年。）。早在一九五八年，史特茲已重新設計了這家位在第五街百貨的主樓層，讓它類似一條迷人的精品「街」，這是如今「店中有店」概念的先驅。[29]在騷動的六〇年代，安迪．沃荷是百貨公司的駐店畫家。遺憾的是，後來這幾年，管理部門都未能充分運用豐富而充滿創意的歷史，找出方法讓二十一世紀的購物者感受新鮮和刺激。

本戴爾百貨最強而有力的符碼是它在曼哈頓第五大道創始旗艦店。這棟美麗如珠寶般的建築，共有二七六片在一九一二年委託雷內．拉利克（René Lalique）設計製作的玻璃板，如今它們成了蒙塵的見證，見證這家百貨過去在誘惑、娛樂和教育顧客曾有的神奇魔力。在一九八五年，本戴爾由女裝零售商The Limited所收購（它也是維多利亞的祕密和Bath & Body Works的母公司）。這家公司在全美各地拓展了新商店，但是這些新的分店卻和原本鮮明的旗艦店全然不同；它們感覺更像是典型的The Limited的商店。在收購的當時，Limited的董事長萊斯利．韋克斯納（Leslie Wexner）說：「本戴爾擁有在全球每個主要城市設店的潛力。」為了配合Limited旗下其他商店的成長策略，本戴爾的二十八家分店都是以商城為基礎，它們缺乏特色，同時販售的飾品配件設計也不夠獨特，無法與其他如梅西百貨和第五街薩克斯百貨（Fifth Avenue Saks）做出區隔。從二〇〇九年起，這家店全面停止販售服飾，到了二〇一四年，它開始只賣本戴爾品牌的飾品。

本戴爾最初概念的吸引力，不在於百貨公司的無所不在或是一致性，而是它的個別特色和策展。在更改策略之前，店面採購必須走遍全球，挖掘新而刺激的想法與設計，然後把即將引導流行的設計師與新概念介紹給消費者。後來公司發展自有品牌，降低了店內展示全球設計師的獨特性與創意。本戴爾停止了對全球設計人才的搜尋。銷售基本上已經淪為物品該擺在哪個樓層，以及它們該如何定價。店內的魔力消失了，獨特性不復存在。典型的零售業管理模式，扼殺了本戴爾初期具有特色的百貨體驗。很顯然，飾品配件是零售商最賺錢的地方。但是，只有其他品項（如服飾和美妝美容）才能夠提供百貨體驗的豐富多樣性，最終再帶入幫助公司存活的消費者。

缺乏符碼、毫無光彩的艾伯森超市（Albertsons），店內強烈的光線、滿是雜牌的產品、老掉牙的電梯音樂、笨重的購物車，以及穿著如家庭主婦藍色圍裙的員工，讓它失去了與購物者建立親密關係的機會。對比之下，商人喬超市（Trader Joe's）充分運用了強符碼：穿著夏威夷衫的員工、生動有趣又獨特的產品、免費的試用品、鼓勵人們去瀏覽和發現的親密空間。巡梭閒逛的輕鬆與小盒裝的策展感受，也對商人喬的美學帶來了幫助，這是傳統大型超市難與之抗衡之處。

零售商要成功有一個辦法。人們總是覺得需要去觸摸、感覺和嗅聞，而零售店能提供的正是這樣的所在。找出一個方法讓店內購物成為社交體驗，營造發掘的過程與獨特的感受，零售商就可以成功。至少在目前為止，我們還無法觸碰線上商店看到的任何東西。零售店是產品和專家（銷售人員）可以用獨特、驚喜，以及實用的事物和消費者互動的地方。這正是零售業應該努力的方向。

挖掘符碼

符碼透過表達與行動而浮現，並隨著時間從一致性、真誠，以及感情的黏著度得到印證。想要發掘密碼，不管你的公司有百年歷史還是只有五年，你該做的第一個步驟，我稱之為「品牌檢核」（brand audit）。深潛到公司的檔案之中。當公司的歷史傳承愈深厚，你要做的事情就會愈多。對老字號的公司而言，像時尚品牌一樣經常回頭查看歷史檔案，可能會讓你眼界大開。你所沉浸其中的，不只是你的產品在過去歷史上是如何製造和行銷，還有它們為何要如此製造和行銷，它們的表現方式如何受到時代的影響，還有最重要的是，它們如何經歷歷史的演進。創辦人是誰？他或她是如何受到時代潮流的影響？還有哪些別的力量在其中作用？你的品牌在環境和影響力的變化中如何演進？品牌的決定性時刻發生在何時？從這些問題，你開始會看出模式的浮現。你會看到品牌有哪些部分的表現持續產生共鳴，哪些則否，以及在這些過程中，公司的領導、文化、和市場如何回應不同的提示。

檔案當中可能也包括了產品設計的樣本或圖像（最好是按照時序排列呈現，如此一來，檢核的人可以看出設計是如何演進）。不過它同時也應該包含其他可見的元素（例如商標、格言、廣告、商店設計圖）。下一步我稱為「模式化」（patterning）。有哪些重複出現的構成元素，把公司各種不同的產品、類別、歷史篇章維繫在一起？這些每個可見的元素，如何對應四個強符碼的判別標準（受時間考驗、準確而特定、可擁有的、有相關性的）？個別的符碼如何共同作用？有些可能會強化關鍵的價值和概念；有些則可能造成損害。

最後，我建議，品牌設計者要不計一切保護強符碼。企業總是把這一點搞錯。曾經有一度凱歌香檳的高階主管階層爭論，蛋黃色的商標顏色是否開始令人厭倦、太過普遍，是否應該把它放棄。當然，他們的團隊做了正確的判斷加以維持，但是他們確實有過這樣的討論。有創意的公司喜歡跟上潮流；他們喜歡現代感。而歷久不衰的符碼，往往讓創意團隊覺得自己受限於幾十年前、甚至是幾百年前（以凱歌香檳而言）所做的設計決定。他們想用新設計師或新團隊的標誌來震撼市場。不過，這樣的設想往往不夠周到。凱歌香檳團隊的真正挑戰不是要找出新的顏色，而是找出嶄新鮮活的方式來運用這歷史悠久的顏色。

大部分符碼如果得到良好的發展和支持，就會是神聖的，不論它們的大小和位置後續做了什麼改變。麥當勞的黃金拱門一直維持在品牌識別的核心，人們在美國各地高速公路上很遠就可以看到它。這也是我認為《紐約時報》不應該把它們的口號「所有適合印行的新聞，盡在其中。」（All the news that's fit to print.）排除在線上版的原因。它可說是新聞學上最出名的一句話。這句口號要追溯到一八九七年，對應了報紙這個媒體至今仍在運用的強符碼，比如眾所周知的《紐約時報》字體就是其中一個。

從理性的觀點來看，去掉這一行字的決定有其道理；畢竟數位版的報紙並不是傳統意義上的印刷。而且或許《紐約時報》認為較年輕的讀者，也就是它主要的數位消費群，對於非數位的（也就是老派的）提示不會有回應。這點我並不同意。傳承的力量與區隔的符碼最好是有一致性，並且隨著長時間與各個年齡層的人們產生共鳴。到最後，我認為《紐約時報》的編輯群過度在字面上詮釋它的意義，也因此未能尊重「適合印行」，這個包含著歷史悠久價值、而且仍有著高度相關性的口號。這個口號強有力地提醒，這份報紙具有新聞誠信與判斷力。它超過了對一個老式科技（印刷）的指涉。當服裝品牌Gap在二〇一〇年變更它的商標，它面臨了消費者的巨大批評。它向品牌的粉絲們尋求意見，但是社群媒體的宣傳活動並沒有得到理想的結果。Gap最後回到了它原本優雅、長型的字體。或許可以說，這樣的逆轉來得太少、也太遲了。

測試品牌符碼的強度

在完成品牌檢核，和識別清楚的模式、符號，以及和可能的符碼之後，要如何測試潛在符碼的強度？有一個方法是，找一個與你沒有從屬關係、不帶偏見的人，展示你的品牌廣告或是行銷內容，事前隱藏你的品牌名稱、商標、或特定產品的所有相關部分。看看他們是否能夠根據展示的內容（例如顏色的調配、材料選擇、字體、聲音／語調／音樂、甚至是地點）辨識出你的公司。這是對建立在清楚、一致、而且可擁有的符碼強力品牌的最終測試。

即使你的公司有強有力、具辨識性的符碼，和在市場上的穩固立足點，也不要忘了市場是動態的，而消費者持續會形成新的判斷。死忠的支持者也可能離開，而隨著時間進行，公司也必須要吸引新的消費者才能永續經營和成長，並維持相關性。要維繫長期老顧客的滿意，又要吸引與既有客戶可能有不同期待的新顧客，在這兩者之間維持平衡，是所有公司的大問題。在下一章裡，我們將檢視這個問題和其他常見的挑戰，以及處理這些問題的美學解決方案。

4 持久設計
——美學策略和創意應用——

針對企業共通挑戰的美學策略

每家公司面對的問題都不會是一樣的，不過妨礙公司成長與生存的因素，多半有可辨認的模式；其中許多問題的最佳解決方式是透過我所謂的「美學解決方案」。一九五五年的《財富》全球五百大企業中，[1]在二〇二二年只有四十九家仍留在榜單上。[2]為什麼能延續成功的公司這麼少？簡單來說，很多公司身處在它們贏不了的賽局。塔吉特百貨沒辦法在沃爾瑪的賽局裡打敗沃爾瑪，這就如雅虎（Yahoo!）在Google的賽局裡沒辦法打敗Google一樣。不過，塔吉特百貨和雅虎不一樣，它在自己的賽局裡表現依然相對強勢。

檢視經典的企業挑戰，一般說來，最佳解決方案不會出現在商學院的案例研究或是暢銷的企業書籍，它們會習慣依據高度結構化的框架、分析工具，以及對市場冷眼旁觀來導出結論。然而，最佳解決方案來自於你對消費者深刻而富同理心的理解：不光是他們買些什麼、去哪裡買，而是他們如何從中感受並得到喜悅；以及對於他們身為人、而不只是購物者，想像要如何提升他們的愉悅感。根據哈佛商學院商業管理教授，同時也是創新與成長這一主題，全球頂尖專家克里斯汀生（Clayton Christensen）的說法，我們買某個東西時，我們實際上是「雇用」它來幫助我們完成一個任務；不管是讓我們約會時看起來更性感，或是把某個美味又健康的東西裝進孩子的便當盒。

如果產品成功完成任務，我們會繼續「雇用」它（換句話說，繼續買它）。如果它不成功，我們會把它開除。[3]我們買東西是因為我們想要，或者需要它們幫助我們做的事情能成功，不管這件事有多庸俗或是多遠大。換句話說，買東西的是「人」，不是機器。人是有情緒的，做決策基本上依據他們在購買時所得的感受。感覺愈好，它們對這些產品和品牌就愈投入、也愈忠誠。克里斯汀生說，公司會誤解人的因素（並且因此失敗），因為它們是依據購買者的屬性（社經地位、年齡、職業、性別），和購買者決策之間的關聯來做出產品和行銷的決策，但在他看來，這種相關性是錯誤的。

不論你所屬的是哪一個產業，我建議（正如我給所有企業人的建議），盡可能把你的自我、你的價值、你的人格特性、你的風格、甚至是你的怪癖，都放進來考量。為什麼你要買某個東西？你希望購買帶來什麼樣的感受？你喜愛的某個特定產品和品牌如何達成這個感受？令你不喜歡的產品和品牌有哪些地方做錯？你的個人觀點對你的事業很重要。畢竟，你同樣也是消費者，而你也是你自身的專家。做你自己，並把你的一切都投入這個過程，就是你和其他人最大的不同處，而且在身為人的層面上，也是你的消費者會做出最有力回應的對象。你，包括你個人的信念和品味，構成並且強化了你的公司的聲音和價值。

把你自身帶上檯面，也會讓你對你的顧客更有同理心。同理心是美學與企業持續改進的關鍵。缺乏同理心的一個知名案例，是Google眼鏡（Google Glass）的推出與它快速的消亡。Google眼鏡的失敗，或者說，它被消費者「開除」，並不是因為在技術研發、行銷或溝通上的投資不足；它的失敗是因為，它的基本設計帶給穿戴者的感覺（顯得笨拙而不舒適）。沒有人希望被看到戴著這副眼鏡，或者看到別人戴著它。Google任務失敗。

從更廣泛的市場角度來看，我認為企業領袖過度刻意想去除他們與共事的工作者，以及購買產品的消費者之間個人式的連結。如此一來，他們的公司失去了「存在理由」。不論他們的公司是否符合消費者的需要，它們顯然無法給予他們太多愉悅。為了求生存，企業必須回到它們的初心。它們必須在企業價值裡重新注入人性。它們應當牢記，除了少數必要的產品類型像是糧食和能源，大部分企業銷售的東西都不是不可或缺的。人們並不需要更多的「物品」。事實上，我們身處的當下，大部分人都想要消滅「物品」和簡化他們的生活。這樣的趨勢不會在短期內結束。[4]人們需要生活在群體之中；他們需要有機會學習和發現，需要有表達自我和感受的方法，同時也需要工具和鼓勵，讓他們自己和周遭世界更加美好、更令人感覺興奮。在某些方面而言，這些是人的基本需求。它們當然是撐起人性慾望的基本。

我的意思並不是要你無視企業原則或分析思考。我只是認為，長期而言你無法光靠這些就獲得成功。除此之外，一家公司絕對不應該為了攫取財務的價值，而以犧牲打造美學價值為代價。創造美、激發感官、提升性靈、以及鍛造連結的能力，這是最終人以及企業能夠成功的要素。同時我也相信，在每一個行業裡都可以注入一些人性。所以，思考一下，對你和對你的公司，它代表的是什麼意義。為了做到這一點，我檢視了五個企業的共同挑戰（它適用於各類公司，從全球五百大企業到新創公司），並探討它們如何透過美學策略來因應。我特別想說明「另一個AI」，以及更精確地說，美學同感（aesthetic empathy）的能力，可以用來、也應該用來理解你的消費者，預期他們的回應，發想新鮮驚喜的方式來取悅他們。

挑戰①：商品化的陷阱

如果你覺得賣什麼都不容易，那麼就該試試販售日用品。你唯一的優勢可能是較低的售價，而這種優勢會隨著時間逐漸消失。不過，有些公司成功地把這種難以克服的挑戰，也就是這類產品僅是基本的需求、無市場區隔、容易被取代，轉化成獨特的、有差異化的、而且永續的價值主張，靠的是設計一套以它們的日常商品為中心，全新而令人興奮的體驗。這個把焦點從低價值產品轉移到高價值體驗的策略，我把它稱之為「星巴克解決方案」。

這類日常商品製造公司，不管是賣咖啡、大豆、還是水泥，都有機會透過美學策略，轉化整個企業的價值主張，創造獨特而令人興奮的體驗，給它們的產品編織出豐富的故事，創造流行、渴望感和忠誠度。

星巴克不同於其他傳統的咖啡店，就在於內部設計追求舒適而非效率，同時把服務生升格為「咖啡師」（baristas），召喚歐洲式的專業與匠藝風情。重點並不是星巴克在今天是否仍具市場區隔和相關性（我認為它的咖啡店並未與時俱進），而是我們可以從它最初突破創新和長期以來的成功學到東西。在一九九〇年代和二〇〇〇年代初，星巴克被認為是真正具有區隔性和開創性。（順道一提，就如同麥當勞在一九六〇年代和七〇年代也是如此。）

一九八七年，星巴克第一次從西雅圖向外拓展[5]，當時並沒有咖啡連鎖店達到目前星巴克的成就，也就是成為被渴望的「第三空間」。這個空間既不是公司也不是家裡，但是人們在共同生活的場景裡吃、喝（咖啡）、開會、思考和社交聯誼。[6]在星巴克多年的成功之後，甚至連麥當勞也有所行動，它看出了咖啡館美學的獲利潛能，以及速食漢堡連鎖店缺乏差異性而逐漸消失的吸引力，並開始把它的一些餐廳改造成「麥咖啡」（McCafé），添加了暖色調、木質的細節、免費的Wi-Fi、以及更舒適的座椅以配合久留的顧客。這套手法是否奏效或許猶待討論。畢竟，麥當勞只是剛開始加入了星巴克的賽局。這兩家公司，與其他想要對抗商品化陷阱的公司，如今的問題是如何把規格化的日用品和已疲乏的店內體驗轉化為新的主張，以出乎預期的方式讓消費者感到愉悅。

挑戰②：追上市場龍頭

一家公司如果在市場上只搶到第二名，它要正面對抗的，將是有著更深厚資源和強大能力的可怕對手。這樣的公司所處的、或正要進入的產業裡，已存在既定作法和傳統、固定銷售和行銷的方式，以及有高知名度的大公司。它的挑戰是把美學價值融入企業，提升自己的品牌定位，好與產業領先者做區隔，來吸引全新的顧客。舉例來說，西南航空（Southwest Airlines）成功地抗衡美國航空（American Airlines）和達美航空（Delta）這類航空巨頭，[7]靠的是它獨特的設計主題（「如果沒有真心，它就只是機器。」“Without a heart, it's jist a machine.”），友善的顏色（藏青色和向日葵黃），以及較早期運用個人化的口號像是「就是聰明」（“Just plain smart”），與「拿好行李，要上路了！」（“Grab your bag, it's on!”）

當然，零售業的經典例子是塔吉特百貨對上沃爾瑪。雖然塔吉特百貨從沒達到和沃爾瑪正面對抗的地位，特別是「每日特價」，不過它透過「便宜流行」（cheap-chic）的策略、設計師的結盟合作、機智俏皮的廣告、以及社區捐贈，有效占據強有力的市場定位。

美妝品牌倩碧（Clinique）是成功避免正面迎戰市場領導者，同時打造本身強大定位的例子。倩碧是雅詩蘭黛公司在一九六八年推出，被設計成是雅詩蘭黛其他姐妹品牌的對比，在當時雅詩蘭黛是美國百貨公司裡最知名、也最受喜愛的品牌。雖然兩個品牌是由同一家母公司所有，但它們彼此間競爭激烈，在同一間百貨裡對同一群女性顧客推銷著類似的產品。不過，一提到美學，它們之間的歧異巨大。雅詩蘭黛專注在歐式的優雅，在光彩奪目的場景內主打經典的美貌模特兒。強調技術優勢的倩碧，在廣告上則從來不使用模特兒；它的產品本身才是明星。也因此，這些產品被精心陳列，並由傳奇攝影師爾文．潘（Irving Penn）以藝術手法拍攝，成了俐落、俏皮廣告裡的主角。甚至連它的名字Clinique，源自法文「診所」，也不得不讓你對這套商品正眼看待。

倩碧的概念來自《時尚》（*Vogue*）美妝編輯卡洛．菲利普斯（Carol Phillips），她相信肌膚可以有較科學的保養「三步驟」。雅詩蘭黛的美妝顧問被要求展現優雅和風格，倩碧的顧問則是穿著白色實驗室外套，以策展方式提供消費者護膚教育。倩碧在櫃台上擺設了看起來像是算盤的新奇裝置，消費者可以診斷自己的皮膚類型：油性、乾性、或是綜合型。最後一點，雅詩蘭黛的品牌建立在濃郁的香味，而倩碧的產品則強調經過敏測試、任一款都沒有香味。

雅詩．蘭黛的兒子羅納德．蘭黛（Leonard Lauder）曾經說過：「我記得〔我母親〕拍著桌子說：『不，卡洛，**不、不、不**。我要它百分之一百沒有香味，並寫進廣告裡。』[8]蘭黛夫人知道她本來的產品已經有太多的香味，而在另一頭，她要提供的是無香味的產品。和卡洛一樣，她知道女人想要什麼。」倩碧最後持續成長，超越了雅詩蘭黛（以及市場上的其他品牌），它同時也登上了品牌化妝品的龍頭位置，直到被另一個新竄起的MAC化妝品超越。

這麼說來，威力驚人的第二名和較傳統的第二名，也就是落後的追趕者，或者在下頁圖表中的「規則接受者」，有什麼差異？公司可分成三種類型：規則創造者、規則接受者，以及打破規則者。規則創造者（舉例來說，家得寶〔Home Depot〕、通用汽車、樂高積木）透過尺度、規模、市占率，以及資源獲致勝利。規則接受者（例如勞式家具〔Lowe's〕、克萊斯勒汽車〔Chrysler〕、費雪玩具〔Fisher-Price〕）只是跟隨著規則創造者的老路；它們採取相同的策略和鎖定相同的消費者，但是它們沒有足夠市場力來贏得賽局。規則接受者永遠會落在後面

產業	規則創造者	規則接受者	打破規則者
書店	巴諾書店（Barnes and Noble）	疆界書店（Borders）	亞馬遜
家居裝修設備	家得寶	勞氏	Thumbtack
汽車	通用	克萊斯勒	特斯拉
廣播電台	iHeart	天狼星 XM	Spotify
電視購物	QVC	HSN	YouTube
刮鬍刀	吉列	舒適	Harry's

追趕的位置，**如果**它們能存活下來的話。並不是說它們沒辦法賺錢，但是它們永遠不會被視為創新者、或是提供特殊而明確的體驗，而它們與規則創造者之間的差距，多半會隨時間而拉大。這種規則接受者的例子包括梅伊百貨（May Department Stores），它最終落入了梅西百貨的手中；歐迪辦公（Office Depot）最終輸給了史泰博（Staples）；而電路城（Circuit City）則是輸給了百思買（Best Buy）。

比起規則創造者，打破規則者雖然規模較小、也較晚出現，但透過區隔、創新、實驗、和速度，它得到動能並能加以累積。本質上來說，打破規則者重新定義了它的整個產業，例如戴森（Dyson）改變了整個吹風機的規則，在這之前，它還改變了吸塵器的規則。如果能夠成功的話，打破規則者隨時間演進將成為規則創造者。舉例來說，在一九九〇年代，MAC化妝品以展介方式、市場溝通、和市場定位，對當時領導品牌雅詩蘭黛、倩碧、蘭蔻（Lancôme）帶來破壞性的衝擊。如今MAC化妝品已經成長為美國最大的品牌化妝品，不過它正被更新、更有吸引力的概念所破壞，包括蕾哈娜（Rihanna）的芬蒂美妝（Fenty Beauty）（歸功於蕾哈娜本人的名人效應）、胡妲美妝（Huda Beauty）（歸功於它的創辦人胡妲・卡坦〔Huda Kattan〕在社群媒體超級網紅的身分）、以及加特・馮・D（Kat Von D）（歸功於高度原創的美學，和產品靈感來源的知名刺青師自身的熱情追隨者）。

我們或可預見，幾年之後，街頭服裝潮牌Supreme可能成為運動服的市場領導者，同時還得要努力阻止一批新世代想造反的參賽者，他們現在還只是抱著遙遠夢想的帕森設計學院（Parsons School of Design）學生或是有抱負的表演者。

挑戰③：擺脫歷史包袱

深厚的傳承通常是企業有價值的資產，有些公司卻是深陷過去，以致在當下失去了相關性。這類公司的挑戰，是在運用公司最強大歷史符碼的同時，納入可重振品牌光榮和令人渴盼的美學。西爾斯百貨（Sears）和施特羅釀酒公司（Stroh Brewery Company）是正統品牌失敗的例子，而古馳、哈雷機車和軒尼詩則經歷成功重生轉型而持續發展。

西爾斯的重建計畫與美學毫無半點關係，而是關乎慘淡的零售業績、組織重組、房地產管理，再加上管理階層對核心議題的嚴重誤判。二〇一八年十月初，西爾斯已準備好提出破產宣告。「西爾斯的問題是，它是個糟糕的零售商，」零售全球數據（GlobalData Retail）管理總監尼爾・桑德斯（Neil Saunders）說。「不客氣地說，它在零售的各個方面，從分類、服務、到銷售，到基本的店務管理標準都是失敗。」[9]

西爾斯以關閉分店和拍賣房產來減少成本、增加現金流，並創造潛在的獲利，但管理階層忽略了經營上人的因素。[10]如果西爾斯的問題主要是出在過度擴張，這個策略或許還有些道理。不過讓西爾斯受創的原因並不是分店過多。在二〇一七年第四季，公司銷售額按年從二〇一六年第四季的六十一億美元，減少至四十四億美元。公司自己說，有一半的損失可能是分店地點減少！其他損失則是同店的銷售額下滑了一八％。[11]西爾斯仍繼續賣出它的持有，並為它旗下各個品牌尋找買家——這種處理方式只是讓靜脈注射的點滴再延長一點時間，但並不是讓百貨公司重新復甦的辦法。

真相是，西爾斯百貨對消費者來說已經失去相關性了。二〇一六年一個對女裝購物者的調查就說明了這一點，受訪者說她們喜歡去公益百貨（Goodwill）更勝於西爾斯。[12]至於選擇亞馬遜購物的人們，則是認為亞馬遜與他們對便利、容易取得、自在、與透明的需求，有密切的關聯性。亞馬遜是二十一世紀版本的西爾斯型錄，這個厚厚的型錄曾是很多家庭期待收到的，只不過亞馬遜是全年無休、一天二十四小時都可以取得。如同今天的亞馬遜，西爾斯的型錄提供了彷彿無窮盡的產品品項：從按碼購買的布料到整間的預購房屋，包括洛琳·白考兒（Lauren Bacall）、蘇珊·海華（Susan Hayward）、金·奧崔（Gene Autry）、以及棒球傳奇明星泰德·威廉斯（Ted Williams），這些名人都曾被找來代言產品。[13]儘管西爾斯提供的商品比起全盛時期已經大大縮減，亞馬遜卻不斷擴展它販售的範圍。它的倉儲系統和人機協作（collaboration between human and robotic technology）的技術，代表它具有儲存和運輸不同品項貨品的能力。[14]它和製造商的同盟關係，代表它不需要儲存販售的項目。[15]在西爾斯的案例裡，以財務調整取代美學智慧，結果自然是失敗的。

啤酒製造商施特羅釀酒公司的問題，來自於不良管理和成效可疑的旋風式收購行動，當然，還有它忽略了與啤酒愛好者的歷史相關性。施特羅是在一八五〇年由德國裔移民伯納德·

施特羅（Bernard Stroh）在底特律創辦，到一九八〇年它已經是全美國第三大的釀酒廠。[16]創辦人的曾孫彼得・施特羅（Peter Stroh）在那一年成為執行長，開始大肆採買：他買下了雪佛釀酒公司（F. & M. Schaefer Brewing Company）和施利茨釀酒公司（Joseph Schlitz Brewing Company）。公司的行銷和物流能力，不足以管理如此眾多截然不同的品牌；而且這些品牌與公司自身文化和故事毫無關聯。後續的收購又持續進行，結果也是大災難。

公司找來一位廣告專家，他馬上把公司的知名標籤改弦更張、提高了售價、並且結束了公司長期的「十五瓶十二美元」方案。結果是業績在一年內下滑了四〇%。[17]不久之後，公司甚至不清楚能否償付債務的利息。它不得不開始把公司拆解售出。這家公司的沒落之所以不可避免，不全因為它是家族企業遇上了併購的年代。家族經營的地區釀酒廠像是雲嶺啤酒（Yuengling）和雪兒啤酒（Schell's Brewery）依舊蓬勃發展。施特羅在一九八〇年代和一九九〇年代最大的競爭對手庫爾斯釀酒公司（Coors Brewing Company），它的擁有者仍在《富比世》雜誌的「全美百大富有家族」的名單上。[18]在一九九九年，經歷一百四十九年的經營之後，這家公司旗下的多個品牌由來自洛杉磯的藍帶啤酒（Pabst Brewing Company）收購，其中包括小馬四五麥芽酒（Colt 45）、孤星（Lone Star）、雪佛、施利茨、施密特（Schmidt）、老密爾瓦基（Old Milwaukee）、老風味（Old Style）、施特羅，以及聖德（St. Ides）。[19]美樂啤酒（Miller Brewing Company）則收購了施特羅公司其餘的品牌。

有意思的是，施特羅在新買主經營之下，某些方面得以振興。歐仁・卡士柏（Eugene Kashper）在二〇一四年買下了藍帶啤酒。他在幼年時代以政治難民身分從蘇聯來到了美國。也許有點反諷的是，他的釀酒職業生涯是在施特羅開始的。在二〇一六年，這位啤酒製造商對公司的歷史傳承做了深入的研究，他看出了精釀啤酒的愛好者可能會喜歡復古的經典口味。這家公司甚至把這個策略稱為「本地傳奇」，其中包括在品牌的創始地釀製他們的招牌啤酒，源於底特律的施特羅啤酒也是其中之一；典藏啤酒這個手法，為仍在販售的品牌注入了新生命。新推出的生產線包括底特律的施特羅波希米亞風味皮爾森啤酒。[20]二〇一八年二月，藍帶啤酒推出了新的施特羅啤酒，一種名為「堅毅」（Perseverance）的IPA（印度淡色艾爾啤酒），或許是向這個啤酒品牌屹立不搖的力量致意，儘管創辦人子孫做了不當決策。[21]

廚具商SMEG是靠著過往歷史獲得成功的傳統品牌。更準確地說，它的成功是把舊式廚具注入二十世紀中葉義大利風格，神奇地為外觀帶來現代感的絕妙天分。SMEG在一九四八年由維多里歐・伯塔佐尼（Vittorio Bertazzoni）在義大利北部創立。伯塔佐尼家族的創業史，從十九世紀擔任鐵匠開始。這個家族長期從事金屬加工擁有整合性的經驗，讓伯塔佐尼最後得以跨足廚房的建造，他一開始的主要業務是金屬的上釉。如今SMEG由伯塔佐尼的第三代經營，沿襲了許多方面的傳承。第一個沿襲就是它的義大利文名字SMEG，全稱是Smalterie Metallurgiche Emiliane Guastalla，意思是「艾密里亞的瓜斯塔夫冶金琺瑯廠」。

SMEG預期到，一九五〇年代和六〇年代增加的財富，讓人們會追求居家舒適，因此開始專精在家庭用具的製造。在一九五〇年代後半期，SMEG推出了最早配備有自動開關功能、安全氣閥，以及烹調定時器的瓦斯爐。在一九六三年，公司推出了洗衣機和一座洗碗機。一九七〇年，它推出了有十四個格位的洗碗機。同樣在一九七〇年代的中期，它開始與知名建築和設計師結盟，進一步朝向開發風格化、甚至往有時尚特色的科技邁進。今日它仍維持這個傳統，包括與時尚品牌杜嘉班納合作。二〇一七年，它們生產出一百台獨一無二的手繪電冰箱，如今都成了行家的收藏。二〇一八年，它們的合作重點是小型家電，包括烤麵包機、果汁機、咖啡機、水壺、打蛋器、以及桌上型攪拌器。[22]在一九九〇年代，SMEG給洗碗槽、抽油煙機，以及復古風格的冰箱添加了淺粉紅、淡藍、薄荷綠等冰淇淋般的顏色。如今它們已是風行全球的特色廚具。[23]

ＳＭＥＧ全球執行長小維多里歐．伯塔佐尼（Vittorio Bertazzoni Jr.）在二〇〇八年全球金融危機之前剛接下了公司。從那時開始，公司全球的銷售額增加了一倍，分公司也從七個擴展到二十個。「如果你認為這是個義大利的家族企業，我想我們做到了創新，非常的創新，同時忠於我們的原則。我知道每個世代都有它各自的挑戰，我們也想用同樣的樂觀精神，用我們從創辦以來一模一樣的態度來處理這些挑戰。我們想傳遞給顧客的是，最美的家電用品、家中最實用的、最有創意、創新的物件。」伯塔佐尼在寫給ＳＭＥＧ澳洲分公司成立七週年的公開信上如此說。[24]

為什麼這個義大利廚房用品生產線有如此強大而熱情的死忠擁護者？遵循著最初福斯汽車或是較近的迷你寶馬（Mini Cooper）的圓弧造型、遊戲般俏皮的色彩，以及強烈的鍍鉻細節，ＳＭＥＧ的產品體現了一九五〇年代的義大利設計，讓人聯想到偉士牌（Vespa）和蘭美達（Lambretta）這類品牌，同時它也不同於其他廚具品牌，因為它強調美學更勝於生活風格，提供了獨一無二的外型和流行色，脫離了大部分廚房用品不鏽鋼外觀的壓迫感，讓人耳目一新。簡言之，ＳＭＥＧ是讓廚房變得時尚的產品，你在屋內不會想把它們隱藏起來。

一旦公司陷入了過去成功的陷阱，就可能喪失與現有消費者的美學感知、偏好，與要求的聯繫。基本上，這樣的公司處於孤立狀態，無法掌握演進所需的美學同感能力。光是擁有高度發展的美學感知力並不足夠。你還需要同理心：去感知、預想，以及領會他人對於外在刺激的情緒反應和偏好。沒有同理心，你無法有效地重新審視、修改和持續改進你在做的事。這是日本人所說的「改善」。[2]

挑戰④：擁擠的市場

打造一個新的、具吸引力、有忠誠度的顧客群，不受外在競爭壓力和市場「雜音」影響的美學過程是什麼？大部分的新創公司，特別是在小型消費者貨品的競爭場域裡，它們面臨的挑戰是，必須在愈來愈擁擠、競爭性更高，同時也更加成熟的產業中競爭。不過有些新公司如眼鏡製造商瓦比．派克（Warby Parker），和服飾品牌艾佛蘭（Everlane），則能設法脫穎而出。

2 Kaizen，日本管理學的概念，意味不斷、持續的改善。起源於豐田公司在生產、機械和商務管理中持續改進的管理方法。

我寫這本書的同時，瓦比．派克的市值估計超過十億美元。[25]它如今規模龐大，不過它始於四個商學院學生的想法，他們好奇為什麼眼鏡這小小的塑膠片如此昂貴。回答這個問題讓他們突然想到，他們可以用非常低的價格來賣時髦的眼鏡。結果發現，羅薩奧蒂卡（Luxottica）這家公司不只擁有亮視點（LensCrafters）這個眼鏡龍頭，旗下公司還包括Pearle Vision、雷朋、Oakley，還與香奈兒和普拉達的訂製鏡框和太陽眼鏡，以及其他許多品牌的眼鏡都有製作合約。[26]瓦比．派克的創辦人認為，繞過這些零售商和他們的中間商，可以幫消費者省下眼鏡送到商店販售後暴增三〇〇%的標價。

為了提供產品給喜歡香奈兒這類時尚品牌眼鏡的消費者，羅薩奧蒂卡要付授權費給品牌，又進一步抬高了精品眼鏡的標價。名牌眼鏡的大受歡迎，給了瓦比．派克的創辦人很大的靈感：它們必須把重點放在眼鏡消費者的渴望，創造更好的購買體驗。共同創辦人尼爾．布魯門塔爾（Neil Blumenthal）在《富比世》的訪問中說：「消費者如何購買眼鏡。首先最重要的，他們要確認眼鏡戴在臉上很好看。所以說，我們首先是個時尚品牌。」[27]它們的眼鏡時髦而有趣，而且有很棒的購買體驗。你訂了五個鏡框，它們會免費寄送給你並附上回郵。接下來你可以試戴，詢問朋友們對你戴上眼鏡的意見，再挑選其中一副，然後把你的訂單和全部的鏡框寄回公司。幾天之後你的新眼鏡送來了——價格是零售價格的零頭。還有，雖然價格遲早都會是個惱人問題（為什麼這片塑膠片會這麼貴？），不過，眼鏡時髦的外觀和體驗，以及消費者體驗它的方式，最後還是把瓦比・派克送到了它所屬市場區隔。

直接訴求消費者的時尚品牌Everlane，它在二〇二一年的總營收達兩億美元，對一個銷售T恤、連身衣、套頭毛衣、和牛仔褲這類基本款的新創公司，這樣的表現堪稱不俗。[28]它的美學魔法並不在它歷久不衰的外形，而是針對目標客群，也就是千禧世代，滿足其慾望的方式。它們的構想是，這個年齡層的人想知道它的衣服是從哪裡來，怎麼做的。因此Everlane提供了購物者一份說明，告訴他們哪些項目是用什麼做的，在哪裡製成，以及製作它們需多少成本。你可以按照它的連結，到衣服的製造廠查看它的工作環境。[29]Everlane同時也使用千禧世代最常出沒的Snapchat和Instagram等社群媒體，在上面討論它的製造流程、回答問題，和展示「街頭時尚」，也就是真正消費者在各個不同城市穿著Everlane服飾的樣貌。也因此這家公司成了互動與透明（或者說，製造透明的假象）的大師，與消費者在簡單黑色T恤之外有更多的共鳴。

這些品牌以卓越的方式，為消費者創造出特別的時刻；在高度競爭的產業裡，讓它的價值主張與其他較傳統對手有所區隔的體驗。他們的互動遠超過了可銷售產品的設計、或它的特色與功能；它建立於體驗之上。這個體驗創造了社群的感受，給購買者帶來好奇心和連結感。

挑戰⑤：規模量產的兩難

遭遇這一類的挑戰是工業用品公司，工業用品的製造和行銷，都是依據實效性來決定。這類商品的消費者，在乎的是高效能、持久耐用，因為加以替換需要花上高額代價。我們不希望每年就換一部休旅車、也不希望每六個月就換裝一次烤爐，或每六十天就油漆一次我們的起居室。有些公司，包括戴森（吸塵器）、維京（Viking）（烤爐）、Yeti（冰桶）、Harry's（刮鬍刀）、班傑明．摩爾（Benjamin Moore）（油漆）、以及寶路莎（Porcelanosa）（磁磚），運用了美學模式來創造品牌，人們對它所渴求和珍視的，不止是產品本身的特色和功能。

實用性的美學在戴森是如此重要，以致它最近宣布不再開發插頭式的吸塵器，而要專注於創新無線和機器人吸塵款式。[30]我們大都知道吸塵器的電線糾纏在桌角、或被吸入真空吸口、或被它絆倒，這些狀況都很惱人。我認識不少人就因為這緣故，除非健康考量，根本不想把吸塵器從儲藏室裡拿出來。無線吸塵器和機器人吸塵器是全世界清潔人員和家管的福音，再加上戴森的超強吸引科技（它最初的行銷點，就是不會失去吸力的吸塵器），這家公司確實成了我們所希望清潔和維護環境簡單又快速的救星。這是同理心的極致寫照；它創造出一個產品，不是因為這對戴森而言很容易，而是它讓清潔變得很容易，甚至對消費者是件享受的事。

Yeti的傑出之處，在於它把冰桶這一個露營、打獵、釣魚時的平凡配件，變成真正令人渴望的物件。這個產品非常好用（一旦上了鎖，連一頭飢餓的灰熊都打不開），好到顧客會自動幫它吹噓宣傳。讓「他們」來幫「我們」做行銷。不過，Yeti的賣點不是在冰桶。它真正的賣點是美好的戶外體驗以及生態環境；訴求點是運動家精神和蠻荒世界。創辦人是一對兄弟萊恩與羅伊・賽德斯（Ryan and Roy Seiders），他們真正想創辦的是一個釣竿公司，公司一開始行銷的對象是真正的漁夫和獵人（這也是兩兄弟喜愛的嗜好）。[31]釣魚打獵的愛好者，幾乎立刻受到這個冰桶的功能所吸引，它能保護裝在裡面的東西，保鮮保冷的功能比同行其他領導品牌，像是柯爾曼（Coleman）或怡可樂（Igloo）的競爭產品更持久。

在零件上它也提供幫助，讓其他品牌冰桶的顧客到店裡做全面的更新。只因為一個零件無法再使用，就要換掉一台五百美元的冰桶，這並不是企業的好美學，因為它有很大一部分是建立在消費者的信心和信賴上。冰桶的設計，要讓任何可能破損的零件都可以簡單不費事地立刻更換。「如果你在家裡，你的狗咬掉了繩索手柄，我們不會寄一個替換的冰桶過去，我們會讓消費者知道，『嘿，找把一字型螺絲起子，把它轉開，它會掉下來，然後我們會寄個新的給你。』」萊恩・賽德斯在《Inc.》的訪問中說。[32]

不過，讓啤酒和魚延長幾個小時的保鮮能力，是否真的值得十倍高的價格（訂價每個三百到一千三百美元，相較於其他競爭品牌廿五美元到一百五十美元的售價）？答案是不。以品牌的成功而論，這對兄弟創造真實品牌故事的能力，要比產品的堅固耐用更加重要。這個品牌故事幫他們在很短時間裡（不到二十年內），創造出一個市值十四億美元的公司。

班傑明・摩爾最近推出一款新的油漆「世紀」（Century），與一些高級品牌廣受歡迎的油漆像是法蘿・包爾（Farrow & Ball）、歐洲好漆（Fine Paints of Europe）、和克雷格與羅斯（Craig & Rose）正面競爭。「世紀」油漆是預先調拌、小批量的油漆，它的柔和霧面效果，是紐澤西州紐華克的油漆廠裡技藝精湛的工匠和化學家調製出來。「我從沒想過油漆如此富有觸感，」設計師卡列布・安德森（Caleb Anderson）如此說，而他的事業夥伴傑米・德瑞克

（Jamie Drake）也同意他的說法：「『請觸碰我』的樣本（甚至連紙牌也是手工漆的）確實讓我對油漆有了不同的互動和想法。它給人實在的觸覺感受。」[33]另一位設計師在《建築文摘》（*Architectural Digest*）的訪問裡形容，世紀油漆協助了對抗「美國各地濫用的石膏板」。[34]

為了進一步強化世紀油漆的高品質成效，班傑明．摩爾開發源自天然元素的顏色，包括寶石、礦物、草藥、香料、和植物，例如淡紫色的「紫黃晶」（Ametrine）、鼠尾草綠的「博維隆」（Beauvillon）、海藍色的「葡萄風信子」（Blue Muscari）、以及勃艮第酒紅色的「阿里扎林」（Alizarin）。有趣的是，這一系列的油漆中不含白色。這些顏色配合著觸感的體驗，許多人說一旦漆在牆上，感覺像柔軟山羊皮。透過這種方式，班傑明．摩爾讓不只一種感官參與了互動，視覺加上了觸覺，讓原本極其平淡無奇的事變得有趣而複雜，同時仍可以掌握。這個油漆行銷的對象是專業人士，但是也不妨礙想要ＤＩＹ的一般人挑選一罐塗抹在自家牆壁上。班傑明．摩爾同時也提供專業和業餘人士協助，以確保一罐一百廿五美元的油漆（是高級塗料的平均價格，但是對家居用品店大罐裝油漆而言是高價位）可以無痛地順暢使用。

寶路莎是佩佩．索里安諾（Pepe Soriano）於一九七三年在西班牙卡斯特里翁的地中海邊小村莊所創立的磁磚公司。如今仍是由索里安諾家族經營。瓷土或黏土磁磚具有堅韌和高抗滲透性，是歷經時間考驗的工業產品。話雖如此，瓷土只是水泥較性感的稱呼——它類似於馬路、人行道，以及大部分建築上的複合原料。寶路莎的原文名"Porcelanosa"聽來更加誘人。

人類使用磁磚最古老的例子，可追溯到西元前四千年的埃及人。九世紀和十一世紀使用的早期磁磚，至今仍可見於突尼西亞和伊朗，也出現在十二世紀以後許多中東地區的清真寺。如今磁磚在大賣場以大盒包裝供人選購，它也是最簡單形式的陶瓷品，可以說是「日常生活」的縮影。寶路莎則設法將它提升為藝術形式（公司本身也拓展到非磁磚的產品，包括超耐磨地板〔laminate floor〕和廚房設備）。這家公司維持現代的美學，並透過像是3D立體、金屬效果、手繪，和錯覺（木質或石質外觀）這類不尋常的紋理和飾面來挑戰設計的極限。這家公司也透過紋理、色彩和飾面，保留了它的西班牙地中海傳統。

公司的成功之道，是以真誠的方式投入人們生活裡真正重要的事物。如前述，每個產品都有觸及消費者的能力，不管它是多麼平凡（例如油漆），或是無處不在（例如咖啡）。每家公司都可以跟它的消費者說：「我們尊重你。我們希望在各個層面盡我們所能取悅你。」

美學倫理學

身為兩個青少年子女的母親，我很擔心各式誘惑每天對他們的密集轟炸。其中一項誘惑是電子菸；這個科技表面上是為了成人戒菸的一項發明，但現在已成了專為它本身「樂趣」而製造的產品和活動，特別是針對青少年和年輕人。在電子菸設計、行銷、和體驗上，Juul是一家有著最前進思維的公司。甚至連它的名字Juul（發音如"jewel"，意為珠寶）也意味著某種珍貴令人渴望的東西，也特別帶給年輕人這種感覺。不過這個名字也是關於焦耳（joule），一秒鐘之內產生一瓦特電力所需要的能量。[35]這個產品就像蘋果產品或是大拇哥（thumb drive）一樣，有各種如珠寶般的顏色可挑選。而且和隨身碟一樣，你把它插進電腦USB端口就可以啟動。

有些時候美學不成功，並不是因為它在基本的感官層面無法取悅人或令人興奮，而是因為它的美學是有目的性的欺騙和誤導，或是意圖以假象誘惑消費者。我把它稱之為「垃圾食物效應」。這種產品也許令人渴望或者味道不錯，但是它確定不會提供養分或帶來愉快的餘味。同時，稱呼它是垃圾食物有強烈的理由：它不只沒有營養，如果長時間進食，還會對我們的健康帶來不良影響。

我想對這類的美學提出反對並不算太過分。資本家和創業者同樣應該有良心。美學是強大的，如果你的企業策略是利用它來不當得利，對名聲（以及在商務上）會帶來反作用。Juul這個如今由大型菸草公司奧馳亞（Altria）部分持有的公司就是其中一例；在二〇一八年十月，美國食品藥物監督管理局（FDA）突襲搜索了這家公司在舊金山的辦公室，並且沒收了上千份關於它行銷、銷售策略，以及產品設計，特別是它如何吸引青少年和其他年輕人的相關文件。[36]這次搜查的動作，是要確認這家公司遵守產品銷售和行銷的相關聯邦法規。這是令人憂心的問題，因為隨著傳統香菸使用比例減低，青少年使用電子菸比例卻在增加中。在二〇一七年，有近一二%的高中生和大約三%的國中生使用電子菸，相較之下，抽一般香菸的中學生比例大約是七．六%。雖然Juul成功了，但我們必須問，代價是什麼？你會希望你年少的子女染上這個習慣嗎？

駱駝牌香菸和它的吉祥物駱駝老喬（Joe Camel）可以說是Juul的先驅。事實上，Juul這個新創公司，簡直像是直接脫胎自雷諾菸草公司（R. J. Reynolds Tobacco Company）。一九七三年，雷諾菸草公司行銷部門的克勞德．提格（Claude E. Teague, Jr.）撰寫了一份機密報告，標題為「關於年輕人市場的新香菸品牌一些想法的研究計畫備忘錄」。報告中寫道：「現實上來說，如果我們的公司要長期生存和蓬勃發展，我們必須取得年輕人市場的占有率。」[37]提格同時也思索在無法明目張膽宣傳的情況下，如何吸引「未抽菸者」和「學抽菸者」嘗試抽菸的方法。「我必須說，目前的情況，我們在年輕人市場直接促銷香菸受到了限制（我個人認為是不公平的）……我認為我們需要一個針對年輕人市場量身打造的新品牌。」提格接著繼續討論，雷諾菸草公司如何來操作青少年的心理需求，把新香菸品牌精心打造成流行的「潮牌」；在宣傳上必須強調團結友愛、歸屬感，以及團體接納，同時也強調個性和「做自己」。[38]

雷諾菸草公司這些年來持續透過美學和各種方式追求年輕人市場。在二〇〇四年，它強勢行銷有糖果口味的香菸，很顯然目的並不是要吸引成年人的吸菸者。部分也因為這種策略，二〇〇九的一項聯邦法案《家庭抽菸防治與菸草管制法案》決定禁止有糖果和水果口味的香菸。[39]在二〇〇六年，雷諾和其他幾家菸草公司被判勒索敲詐罪名。葛拉蒂絲·凱斯勒（Gladys Kessler）法官裁定，它違反民事敲詐勒索法和從事數十年的詐欺，欺騙美國公眾關於抽菸的健康危害，以及它對兒童的行銷。凱斯勒特別指出了「駱駝老喬」的例子，認定從一九五〇年代開始，這家公司「刻意針對未滿二十一歲的年輕人行銷招徠『替代的抽菸者』以保障菸草業在經濟上的未來。」[40]最近在二〇一三年，雷諾菸草又開始在眾多年輕人閱讀的雜誌上投放廣告，包括《ESPN雜誌》、《運動畫刊》和《時人》等。廣告內容是針對年輕人作推銷，稱為「駱駝爆珠」（Camel Crush）的新品牌。[41]

石榴紅（POM Wonderful）也是因為巧妙運用美學，做不實的主張而違反了法律。生產這個果汁的公司是由加州的億萬富豪琳達與史都華．瑞斯尼克夫婦（Lynda and Stewart Resnick）擁有，他們從無到有，一手打造出了數百萬美元的紅石榴果汁市場。除了果汁之外，瑞斯尼克夫婦也創造了兩種以石榴為基礎的營養補充劑，POMx口服膠囊和POMx口服液。這對夫婦還提供三百五十萬美元贊助研究，好讓他們得以宣稱POM產品的健康益處。[42]在二〇一〇年，美國聯邦貿易委員會（FTC）對這對夫婦、他們的事業合夥人及兩家他們的公司，提出了詐欺交易的控訴，包括誤導性地宣稱其果汁可以預防心臟病、前列腺癌和勃起功能障礙。在二〇一二年，美國聯邦貿易委員會發出了禁制令，裁定POM缺乏可信的科學證據，說明果汁和膳食補充劑能預防它們所宣稱的任何疾病。[43]看來POM Wonderful並無神奇（wonderful）之處。

在二〇一三年，家樂氏公司（Kellogg Company）同意支付四百萬美元，以解決它的「磨砂迷你小麥早餐麥片」（Frosted Mini-Wheats）在二〇〇九年因行銷手法所引發的集體訴訟。它在廣告中宣稱，食用這種麥片後，兒童的注意力可提高將近二〇%。[44]美國聯邦貿易委員會說，廣告中所引用的研究，實際上顯示，以這種麥片為早餐的兒童比完全不吃早餐的兒童注意力平均只高出不到一一%。不只如此，相對而言，只有極少的實驗參與者注意力提高到接近二〇%的程度。麥克·摩斯（Michael Moss）在他的《鹽糖脂：食品巨頭是如何讓我們上鉤》（*Salt Sugar Fat: How the Food Giants Hooked Us*）書中說到，家樂氏在廣告中所提到的臨床研究（由家樂氏付費做的研究），甚至不支持它最低程度的主張。「這個廣告文宣真正值得注意的一點是，就算把它當真，這個研究要支持它廣告裡的說法也還差了十萬八千里。跟他們吃麥片之前相比，吃了磨砂迷你早餐麥片的孩子在接受記憶、思考和推論能力的測試時，有一半的人能力根本沒有提升。」[45]

家樂氏想在一個基本上是多糖、高熱量的麥片上，創造出一個「健康美學」，而且讓人意外的是，就和瑞斯尼克夫婦對他們的石榴紅的說詞一樣，他們沒能理解到大部分虛假的宣傳最終都會破功，並損害品牌的誠信。長期而言，真正的美學價值，只能夠建立在真心誠意和具有辯護正當性的行動。

本章提到的五個企業挑戰，當然無法包含企業要面臨的各種美學挑戰，但卻是其中最常見的。它們代表性地說明了品牌必須處理面向寬廣的問題。你或許會覺得這些議題並未確切描繪你所面臨的關鍵挑戰。這完全沒有問題。從這一章和前面幾章，我希望你得到的收穫是，不論你的挑戰是什麼，或許美學在策略和創意上的應用，就是你的最佳解決方法。從長期來看，它可能還是你唯一的解決方法。因此問題並不是「別的公司想出來的是什麼解決方案？」而是「對於我的公司面臨的特定挑戰，我要如何找出美學的解決方法？」

理解人類的感官和它們如何影響你的消費者，是找出解決方案的關鍵。很清楚的是，你的符碼並不是一個「解決方案」；它們只不過是你需要打造的眾多資產之一，另外還要加上其他與消費者互動，並取悅他們的一些實驗成分。你必須想清楚自身在所屬產業中的位置。同時，你也必須辨識出哪些賽局是你能夠贏取的，然後參與其中的競爭。

稍早我說過，好消息是每個人可以透過學習獲得美學。接下來的幾章，我們要討論學習的過程。現在你知道企業的美學是什麼，以及它如何決定了品牌的成敗，下一步是要學習如何提升你的美學智慧，把它運用在你的事業裡。

不論你從哪裡出發，是初學者或是進階者，有一些已驗證的方法可以發揮你的美學天賦。為此目的，我們將檢視有哪些方法可以開發感官，運用於周遭的事物；包括食物、時尚、風格、藝術、和設計。當你更能夠感知事物在美學上是有趣且強大之時，你將會做出精心規劃的美學投資，並藉由取悅你的消費者，打造長期而永續的優勢基礎，最終得到回饋。

PART 2

提升你的 AQ：美學智商

5 調協——以品味為羅盤

風格和美學的鑑賞力並不是與生俱來的，它需要隨著時間發展、加以精煉，而且品質和美感**確實**是有標準的。舉例來說，即使你不喜歡波爾多紅酒，並不表示你沒辦法學會分辨它好壞之間的差別。你還是有辦法。你愈懂得如何讓某個東西變好，你就愈加能欣賞它，即便它不符你的個人品味。理解品味的演進，最簡單的方法就是去觀察我們對特定食物和飲料的品味如何隨時間而改變。在這一章，我用味覺（taste），也就是對於味道的感官，作為個人對美感卓越的認知，這也是我們延伸出「品味」（編按：英文同樣是"taste"），談論此一概念的譬喻。

吃是最基本的體驗，每個人都要吃。很多東西會影響食物的口味，不只是成分，還包括環境、場景、記憶、期待、進餐的同伴（用餐時如果有喜歡長篇大論的夥伴，美味的餐點也將變得難以下嚥？），以及其他因素。吃東西的體驗讓味覺的層次提升或降低。它的作用方式，有助於我們理解更廣泛的「品味」是如何發展和提升。

對食物或飲料的品味，是在感官神經系統和腦的特定部位之間形成，而且，和大部分其他神經功能一樣，它可以透過專注、練習、和體驗變得更強更敏銳。過去歷史上，科學家認為人類神經系統是固定不變的，神經生成（neurogenesis），也就是神經組織的生長，從胚胎發展階段之後就停止。不過，在二十世紀的後半，研究人員發現神經元（neuron）在一生中仍持續不斷形成，改造我們的腦，並透過經驗、概念、甚至感官來創造新的連結。舉例來說，大部分的小孩子都喜歡冰淇淋，儘管沒有人教過他們如何享用它。它的甜美、豐富和滑嫩，是人們天生就喜愛的。相反地，小孩通常不喜歡咖啡或酒的味道。不過，這些釀製的飲品對許多成年人有巨大的吸引力。不同於冰淇淋，咖啡和酒就是後天習得的品味。感受它們的愉悅，需要透過接觸與培養。這提供了明確的證據，品味會改變，而且很多品味是後天的發展和學習。

許多的練習和活動可以幫忙促進和擴展品味，不過第一步先需要投入、要有耐心。好的品味需要隨時間發展，同時會受到眾多因素影響，其中僅有小部分是我們能控制的。會強烈影響個人品味的，不只是我們的生活背景，也就是時間和地點，還有個別的環境，像是教育和家庭價值。它同時也由基因形成。例如有一些研究指出，我們的基因決定了我們喜歡或討厭香菜（芫荽）的味道，這個食用植物似乎經常引發愛好者和厭惡者爭論它是否吃起來像肥皂。[1]

不管影響如何，我相信人們天生有能力以品味為工具來分辨品質的好壞。本章的目的並不是要教導你如何發展「好品味」，而是要教你如何重新發現、擴展、和發揮你的個人品味。換句話說，如何從你的環境中重新連結感官輸入，對它做出更精確的詮釋，並善用它來為你個人，以及最終為你的專業帶來優勢。

食物的味道——生活品味的譬喻

思考一下我們和吃連結的方式，有助於我們調和各種不同的味覺感官——當然也更讓我們了解如何、以及為何要避開某些感官體驗。訓練我們自己更加注意感官作用，是發展個人美學很重要（而且通常是非常愉快）的一步。這裡討論的練習和原則，也可以應用到其他的感官活動，在此同時，這些原則顯示出某些特定的美感經驗、表現、符碼，和選擇如何共同作用，以及為何有些組合的作用良好，有些卻效果不佳。

「好的食物」這個觀念會騙人。當然，我們透過味蕾來體驗食物。這個生物學上的功能，是我們辨認甜、鹹、苦、酸、和鮮味的主要方式。不過，我們也透過我們的文化、對某個東西味道的期待、過去品嚐味道的經驗，以及對正在吃的東西的新訊息或新觀念來體驗食物。當我們傳遞食物的訊息，必須將味道做整體性考量，而不只是科學上的考量。一整間試吃員的共識，還不足以決定某個食物是吸引人的、還是令人反感的；認識各種帶來感知的因素是很重要的。

基因學和品味

事實上，我們的DNA在很大程度上決定了我們的味覺，以及我們品嚐的好惡。研究顯示，我們對食物的偏好有四一％到四八％是依據基因決定。[2]人類在舌頭上有兩千到五千個之間的味蕾。[3]每個味蕾上有五十到一百個接受器，處理五種類型的口味：甜、鹹、苦、酸、和鮮（往往被形容成「開胃」）。

味蕾接受器的數量是由DNA來決定。在亞洲、南美洲、非洲的某些地區，八五%的當地人口有高度敏感的味覺（特別是某些苦味的類型），而土生土長的歐洲人對不同的味覺往往較不敏感。

研究者同時也發現，不喜歡食物香味太濃的人，他們的味蕾比正常人更多，數目接近或甚至超過五千個，而我們一般人大概落在兩千五百到三千五百個之間。科學家稱呼這些人是「超級味覺者」（supertasters）。[4]這種人可能有比其他人更加敏銳的味覺，而且他們通常不喜歡過甜的食物、濃郁的咖啡、油膩又辣的烤肉醬、加了啤酒花苦味的啤酒。

如果基因決定了大半的味覺偏好，那麼另一半因素又是什麼？這一切是如何透過體驗、揭示、和努力而形成？

其他感官，其他特質

吃東西是所有感官一起發揮作用。英國作家西碧兒・卡普（Sybil Kapoor），在《視覺、嗅覺、觸覺、味覺、聽覺：烹調的新方法》（*Sight Smell Touch Taste Sound: A New Way to*

Cook）一書，檢視食物帶來的各種感官刺激：「桃子皮的柔軟觸感、新摘羅勒的香氣、酸檸檬汁的震撼。」[5]她強調，理解溫度會改變食物的味道無比重要。因而，冰咖啡不像熱咖啡那般苦，是因為熱強化了我們的反應。為了帶出食物完全的味道，最好是在室溫下供應。起司的售貨員都會告訴你，把你的切達起司或是卡芒貝爾乳酪拿出冰箱至少一個小時再食用，才能真正體驗起司的微妙層次香味：甜的、鹹的、堅果口感、牛奶味、青草味等等。

甚至連食物切片的方式也影響它的味道。厚片的煎牛肉帶著野性而有嚼勁，而順著橫紋把肉切得如紙片薄，口感會更柔嫩。同樣地，感恩節火雞的雞胸肉切薄片，肉可能變得枯乾、像紙一樣、沒有味道，而對角斜切厚片則比較多汁、有奶油味。當你品嚐一片帕瑪森乾酪時，你可能會專注於它粗礪的口感和鹹鹹的堅果味。

許多我們以為的味道其實是氣味。卡普建議我們拿一片新鮮的月桂葉，在手中把它揉碎，然後聞一聞揉過的葉片。不容置疑的草葉精油味讓人愉快，令人想起佳節團圓的大餐和暖入心扉的熱湯。不過，如果你嚐一嚐葉子的味道，你會發現它非常苦澀難以入口。香草的萃取物也是同樣道理。它聞起來美妙，但是嚐一口，你會發現它又苦又澀。許多人喜歡壓碎的大蒜混在醬料或其他餐點裡的氣味，不過生大蒜其實是辛辣又刺痛舌頭。

這些食物，與其他許多食物帶來的愉快感受，事實上來自於鼻子，而不是舌頭。[6]

不過，基本上，西方人苦於集體的無嗅覺症（anosmia）。二〇一八年初，生物學家阿西法・馬吉德（Asifa Majid）發表的研究指出，相較於馬來半島以狩獵採集為生的人，西方人的嗅覺比較弱。馬吉德提到，狩獵採集維生的人辨別「氣味就如談論顏色一般容易，然而對西方人而言，我們的嗅覺對這些氣味則未察覺、也未注意。」[7]

實體環境也會給吃的體驗添上不同色彩。我相信你有在廉價小飯館可怕的用餐經驗，通常是因為它的空間環境惡劣：刺眼的日光燈照明、骯髒的地板、黏膩的餐桌、破爛的塑膠椅、以及空氣裡瀰漫惡臭的油耗味。在這種情況下，食物尚未送上，你就已經感覺口味不佳。若是換成帶著新鮮乳酪、飽滿的葡萄、紅酒、以及一條溫熱的法國麵包，到塞納河畔享受野餐，滋味就完全不同。麵包外頭酥脆、裡面溫熱有嚼勁，你將它切開時仍瀰漫發酵的香味。乾酪的柔軟度恰如其分，葡萄在口中破皮、還聽得到迸裂聲，酒是紅寶石色，感覺奢華，而富有果香的氣味，在與舌頭碰觸之前就已襲擊你的鼻腔。當然，你品嚐這樣簡單一餐的氣氛，也加入了感官和體驗。一切太美妙了。

遺憾的是，我們不只對個別感官的力量和效應變得麻木，也對體驗時不同感官的相互關聯麻木。我認為，不只是對食物，我們對美感經驗的一切也是如此。

記憶和意義

儘管我們感知和享受味道，與個人的DNA有很大的關係，但它並不完全由天性掌控。在家庭和社群中，食物如何被引介，以及我們如何接收關於食物的訊息，都會有所差異；實際上，這些影響更勝過我們的天生偏好。我們準備食物時，削皮、切丁、攪拌和燉煮的儀式，引發各種對家庭、童年、戀愛、趣味、吃過的料理，以及過往聚會的回憶。對食物和香味的偏好，與我們的個人體驗密不可分地連結。食物的觸感、味道、氣味、和外觀，導引出強烈而具意義的情感聯繫。如我們在第二章討論的，酒杯的形狀、薄度、透明度、和品質，都影響了葡萄酒品嚐時的風味（編按：參考本書頁六〇）。

文化和味道

我們的口味持續演進，部分是透過多元文化的新食物和味道的引介。隨著世界各地更為連結，人們愈來愈容易遷徙和旅遊，原本被視為地區性的口味偏好已經擴展，我們渴望的新風味特徵也不斷擴增。英國「行銷會診」（Marketing Clinic），一家國際食品公司的產業顧問克里斯．路克赫斯特（Chris Lukehurst）說：「世界愈來愈小。儘管許多國家仍保留強大的飲食文化，它們也愈來愈受到外來影響力的左右。」

大家對這一點都不會意外。試著舉出一種民族料理或地區料理，你會發現它的發源地是受到學術爭論的。路克赫斯特指出：「披薩真的是源自拿坡里嗎？就我們所知，更早之前，古代希臘人和埃及人就有加了各種配料的無發酵麵餅。所有的料理，都是本地可取得食材、外來的影響、歷史的演進聚合而成，而這種演進持續到今日。而包括電影、時尚、甚至健康訊息，這些文化影響力都會左右我們對吃的選擇。文化不是凍結的，而是不斷演進，我們都是這個演化過程的一部分。」

這種演化解釋了當今義大利青少年偏愛美式啤酒更勝過義大利的葡萄酒。葡萄酒在義大利有強大的傳統，不大可能從義大利的菜單上消失，不過路克赫斯特說，義大利青少年的選擇是受到文化影響，包括美國流行文化。義大利青少年在過去他們父母應該喝葡萄酒或水的場合裡，愈來愈常喝啤酒。隨著美式啤酒的需求在義大利擴展，啤酒公司也進駐以滿足需求。「如果說啤酒公司強勢進攻青少年市場也許未必公平，不過它們的確是努力在確保滿足需求。」值得注意的是，許多歐洲國家的千禧世代和更年輕的Z世代，整體而言，他們喝的酒精飲品比父母更少，不管是啤酒或葡萄酒。路克赫斯特說：「在青少年時期或二十來歲時他們沒有培養喝酒的品味，也不像前一代人那樣認為有此必要。」[8]

在中國，咖啡曾經是對人們完全陌生的飲料，如今代表著一個快速成長、具競爭力的市場。[9]本地的公司同樣強勢地挑戰星巴克這類美國巨頭。[10]同樣地，中國過去完全不存在洋芋片市場，隨著中國生產管道的精進和消費者口味的擴展，在過去二十年來出現指數型成長。[11]中國洋芋片市場的龍頭菲多利（Frito-Lay）以開發特殊口味知名，通常帶有地區的特色（新英格蘭龍蝦捲、卡金香辣醬等等）。[12]它在中國也比照辦理，把受歡迎的口味添加在洋芋片上，包括榴槤這種刺鼻的東南亞水果。[13]

在美國，二〇一八年最重大的餐飲趨勢包括了非洲和秘魯風味、歐當歸（lovage）和蜂香草（lemon balm）這類不尋常的食用植物、西班牙香腸炒蛋和椰奶鬆餅這類有民族風的早餐食品，以及有民族特色的調味料，像是印尼辣醬參巴醬（sambal）以及葉門孜然辣醬蘇胡克（zhug）。[14]當然，食品製造商通常會調整配方，讓它們更可口、更容易被不同文化的市場所接受。去過羅馬的人都很清楚，你在當地吃的義大利麵醬料和你在美國義大利餐廳吃到的紅色番茄醬不一樣。你在上海街頭買到的食物，跟你在美國中西部的中式餐廳或外賣店買到的東西很不一樣。不過，仍然有足夠的標記或符碼，以及可供辨識的口味，讓我們根據味道來判定它們屬於什麼料理，即使它們缺少道地的口味、口感和外觀。舉例來說，當我們在包裝上看到辣椒的圖片，可能會馬上想到這個食物很辣，或可能是墨西哥口味。熟到紅透的李子番茄和通心粉的圖片，則暗示我們是來自義大利的食品。

回歸自然

資訊和教育也會讓我們對不同口味和食物產生新渴望。舉例來說，消費者追求更天然、有機、和本地的食物，即所謂「從農場到餐廳」（farm-to-table）的飲食運動。這一切的背後，出於我們深刻認識了工業食品對人體的作用，以及更能分辨貼著「天然成分」標籤的食物，和真正天然的食物在滋味、外形、與體驗感受上的差異。

食物的處理方式，也影響了我們所渴望的味道。真正或所謂「完全」的食物，有著含量不一的蛋白質、脂肪、纖維、水和碳水化合物（雖然未經加工的動物食品不含碳水化合物）。加工處理之後，這些成分多少會被調整或修改：被濃縮、增量或減量。食物裡添加糖或鹽可能讓人上癮，[15]食品製造商也清楚這一點。它們已想出了躲避身體裡警告不該再吃的調節機制，並增加我們對於多糖或多鹽的渴望。如此一來，它改變了我們與味道互動和回應的方式。有許多人（請記住，大多數人都不是「超級味覺者」）需要更多我們認定是過甜或過鹹的食物，[16]來滿足對它們的欲求。某個特定食品，我們甚至需要吃上好幾份才能感到滿足，這都是食品和味道受到操控的結果。

如今有很多文章談論加工食品中加了多少糖和鹽，消費者開始意識到這些添加物操控了他們對食物的渴望，於是他們說不喜歡。不過它還是起了作用：食物的甜度增加了，而其他味道例如苦味則幾乎消失了。[17]重新發現如苦味這種味覺（金巴利冰石中流[3]、芝麻菜沙拉、炒西洋菜[4]），能夠喚醒我們的感官，並擴展我們對不同味覺的理解（和欣賞）。

我們體驗食物和味道的每一種方式，包括我們對所吃的是什麼東西、味道如何、對這個體驗的反應，依據的都是以上討論的那些因素，以及像是心情、天氣、我們身處的場所、甚至共餐的人等。[18]發展品味的過程，有許多因素參與了作用，當然你必須要清楚哪些是最重要的因素。

食品創業者的個人品味與美學操作

底下是一些食品創業者的故事，以及他們如何運用個人品味，並操作他們個別的美學來創立新公司和轉化他們的市場。這些創辦人除了同樣身處食品業之外，彼此幾乎沒有相似之處。

3 Campari on the rocks，一種調酒。
4 sautéed rapini，口味類似芥藍和油菜的蔬菜。

他們的產品透過不同的零售管道和行銷策略來銷售，不過每個都運用了美學智慧來區隔自家品牌的感官經驗。這不只是食物實際的味道，也牽涉到周遭的一切；包括如何喚起強大的記憶、概念、和奇想，大到足以銘刻在消費者腦中。除此之外，這些創業者的美學品味並不是建立在一般對美和愉悅的標準，而是帶著原創性、差異化的、誠懇實在的偏好。

班傑利：以食物為社會實驗

今天你可以在雜貨店、農夫市集、或本地的冰淇淋店，輕鬆找到各式各樣特製、手工、小盒包裝的冰淇淋，包裝在誘人的一品脫包裝裡，口味選擇從高路冰淇淋（High Road Craft Ice Cream）的「波旁焦糖」[19]、Gelato Fiasco的「緬因野藍莓脆片」[20]、Van Leeuwen的「四季柑」和「哈密瓜冰沙」[21]、到MilkMade的「松針」。[22]一般說來，冰淇淋都是甜的口味，這些公司（上面提到的名字，不過是過去十年來投入異國情調、小盒裝冰淇淋市場的其中幾例）則拓展了新領域，也迫使冰品業的巨頭必須跟進（儘管它們仍掌控著市場）。[23]火雞山（Turkey Hill）的「派對蛋糕」冰淇淋[24]，或是布瑞耶爾斯（Breyers）的「奶油白朗黛」[25]，這兩款產品陌生怪異的程度，或許仍比不上烤薑黃、或薑湯口味冰淇淋[26]，或泰式炒冰[27]，不過大型冰品製造商推出新奇、甚至帶有風險的口味組合，說明冰淇淋市場風向的轉變。

情況並非一向如此。曾經，哈根達斯（Häagen-Dazs）是終極的冰淇淋奢侈品牌。它的名字聽起來，再加上它的變音符號，看起來也是精巧而富異國情調，帶有隱約的北歐風格，儘管它的兩個創辦人，羅絲和魯本．馬圖斯（Rose and Rueben Mattus），是紐約布朗克斯的兩個波蘭裔移民。[28]它的「香草瑞士杏仁」[29]口味豐富柔滑，擺脫了冷凍食品區裡滿坑滿谷，傳統上以半加侖容量銷售的巧克力和草莓口味。哈根達斯一開始就只以品脫裝銷售，5讓它顯得恣意而特別——它確實也是如此。

到了一九七七年，登場的是班．柯恩（Ben Cohen）和傑利．格林菲爾德（Jerry Greenfield），這兩位來自紐約長島的童年玩伴想共創事業。他們先想到的是賣貝果，但是貝果的生產設備對他們而言太昂貴，因此他們選了冰淇淋，雖然他們位在以夏日短暫、冬季漫長而酷寒著名的佛蒙特州。這一年兩人在賓州州大乳製品店（Pennsylvania State University

5 半加侖約一．九公升，一品脫約〇．四八公升。

Creamery）（也稱為貝爾奇乳製品店〔Berkey Creamery〕），完成了冰淇淋製作的函授課程。班．柯恩從小就有嚴重的無嗅覺症，意味著他分辨不出氣味，因此投身食品業對他的挑戰不小。[30]柯恩說，為了應付這個問題，他依靠「口感」（mouthfeel）和食物的質地來區分不同食物的感受；這也成了他們兩人為冰淇淋開創特色口味的重要關鍵。

班傑利並不打算和大型冰淇淋製造商正面競爭（這家公司在二〇〇〇年賣給聯合利華，幫助它鞏固了在冰品市場的龍頭地位），但是它的品牌區隔吸引了消費者。一開始，班傑利還是佛蒙特州柏靈頓郊區以舊加油站改裝的冰淇淋店，但到了一九八〇年，它已經在城內租下一家舊線軸工廠的場地，並且開始按品脫包裝，派送到新英格蘭地區。一九八四年，哈根達斯注意到新崛起的對手，試圖阻止班傑利侵蝕在波士頓的市場。班傑利不得不對哈根達斯的母公司貝氏堡提出訴訟，而且不止一次，分別是在一九八四年和一九八七年。[31]

為什麼班傑利的冰淇淋這麼好，還能對它的競爭者帶來如此的破壞力？柯恩的個人狀況，使他在冰淇淋加入大量的味道和顏色。他顛覆了傳統冰淇淋對外觀、口感、和口味的標準，靠的是加入冰淇淋少見的成分，和創造不尋常的口味組合（鹹甜味；超厚、脆、又滑順）。在當時，班傑利創造的冰淇淋質感獨一無二，而且他們從流行文化和政治運動得到靈感，應用在命名上，得出了一些不尋常的風味名字。「櫻桃賈西亞」（Cherry Garcia）、「矮胖猴子」（Chunky Monkey）、「三重焦糖厚塊」（Triple Caramel Chunk）[6]，這些口味似乎保證了你會好好享受它們。產品的包裝設計則是走民俗風和手繪，至今仍是。

柯恩把他個人的感知，透過用字選擇、口語表達、和並置手法，運用到包裝、廣告、行銷、和販售，引發冰淇淋消費者新鮮而意想不到的綜合情緒。當初「自家風味」和「佛蒙特製造」的承諾，也傳遞了如今大眾完整接受的概念：由小型、本地農夫，以小包裝、全食物、高品質原料製成的產品。即使班傑利二〇〇〇年賣給了聯合利華，多年之後，這個品牌仍然透過它獨特的口味描述、行銷廣告、和包裝方式，召喚自家手製、風格特異的感受。

喬巴尼：贏得（進行中的）文化戰

6 Cherry Garcia 是向搖滾樂團 Grateful Dead 的吉他手 Jerry Garcia 致敬；Chunky Monkey 則是混合了大塊的香蕉，號稱是猴子的夢幻口味；Triple Caramel Chunk 則是獻給熱愛焦糖的消費者，有乳霜狀、淋醬和塊狀三種質地的焦糖。

漢迪．烏魯卡亞（Hamdi Ulukaya）的父親到紐約上州拜訪他，這位年輕的庫德族移民已在紐約州大奧巴尼分校註冊入學。這是一條自土耳其出發的迂迴路程，在他成長的土耳其，他自小是在家族的乳酪製造廠照顧羊群。[32]不過家鄉的政治局勢緊張，他覺得最好出國另謀發展，而美國自然成了他的選擇。

二〇〇〇年代初，烏魯卡亞的父親在訪美時品嚐了菲達乳酪，覺得味道不是特別好。本身長期從事乳酪製造，他跟烏魯卡亞以及也已經移民到美國的弟弟建議，他們可以做出更好的乳酪，或許還可以進口高品質的乳酪。隨後他們發現，這個想法太昂貴不符現實，不過烏魯卡亞出身於自製乳酪的家庭，他知道這東西該怎麼做。為何不把老家的技術用在新大陸？在二〇〇二年，他和弟弟在紐約州的約翰斯頓以幼發拉底為商標名，開始了他們自己的乳酪公司。短短幾年內，這家公司已是成功的小型乳酪製造商。[33]

烏魯卡亞覺得這樣還不夠，美國的優格也需要改良。傳統的美國優格稀薄如水，像布丁一樣加了許多的增甜劑，跟他童年所認識的優格實在相差太遠。同時它也和美國三十、四十年前製造的優格很不一樣，那時候的優格較酸、奶味較濃，比較接近烏魯卡亞心目中優格的樣子。今日的甜味優格是依照美國嗜好的口味設計、發展出來的，它改變了市場，烏魯卡亞則希望找回原味。在二〇〇五年，紐約州北部的經濟情況不佳，卡夫食品（Kraft Foods）關閉了位在紐約州，距離約翰斯頓大約六十英里、南埃德莫斯頓的工廠，而且它要拍賣擁有全套優格製作設備的工廠。工廠關閉對這個城鎮是重大打擊，但是經濟不景氣也讓烏魯卡亞有機會把它買下，並利用本地的勞動力開始製造優格，[34]畢竟他們原本就受過乳製品製造的訓練。

烏魯卡亞運用舊大陸的技術，創造出比美國市場上任何產品都更濃郁、更有奶味、較少甜味、更富感官享受的產品（你在地方的農場或是農民市集裡，幸運買到的小包裝優格或許是個例外）。這個希臘風味的優格，重新定義了優格這個食品項目，引進新而濃稠的口感、提供更自然、較少甜度的口味，在潔白的容器外頭則加上了鳳梨、芒果、和櫻桃等，這些天然原料的圖案。這個新品牌「喬巴尼」（Chobani）成了市場上最成功的新創公司，在營運的最初五年，營收就超過了十億美元。

Kind：吃零食做善事

水果和堅果零食Kind的創辦人丹尼爾・魯貝茨基（Daniel Lubetzky），他的故事很有教育意義。魯貝茨基是納粹大屠殺倖存者的兒子，他在二〇〇四年創辦Kind，希望用健康零食為世界帶來更多的**善意**（kindness）。這家公司成長快速；在營養棒（nutritional bar）這類食品項目，市場上大約兩千項產品之中，它可以拿下TOP 10暢銷排行榜的六個名額。事實上，Kind是美國成長最快速的能量棒和營養棒品牌。二〇一七年，全球最大零食公司瑪氏食品（Mars）投資Kind時，估計這公司的市值高達四十億美元。

Kind的成功是建立在魯貝茨基最初的使命感，也就是散播善意。這個觀念不只讓他的品牌與其他傳統競爭者有所區隔，同時也協助推動消費者意識、激發了與消費者有意義的對話。其中一項策略，是由公司的員工發送塑膠卡片獎勵一些隨機的善行。如果他們看到某人行善，例如在地鐵上讓座或是協助老年人過街，他們就發送做好事的人一張卡片。拿到卡片的行善者，Kind就會送他兩根Kind營養棒，兌換後再送他一張卡，讓他把善意傳給其他的人。這家公司很巧妙地形容自己「不只是營利事業」（not-only-for-profit），承諾提供數萬美元的金額，協助消費者構想設計的社區回饋計畫。不過，Kind不只是在行銷的訊息和策略上有所區隔。它的包裝設計強調盡可能的透明，清楚的塑膠包裝讓消費者可以看到它的基本成分，就只是些成塊的堅果或乾果；消費者在打開食用之前，很容易就能想像它的口味和口感。

Kind同時也利用了美國人正在改變的飲食習慣，從中創造獲利。這並不是品牌的好運氣，而是運用美學來增強對消費者偏好的感受力。在一九九〇年代和二〇〇〇年代初期，能量棒和營養棒被當成是專業使用的食品，偏重於對運動員和節食者的行銷。如今更多消費者尋找健康、方便的零食，它們是以真實的食材和極簡成分製成、沒有太多防腐劑、並且標示透明。到二〇一三年，美國吃健康棒的人口，比二〇〇三年多出了大約兩千七百萬人。Kind滿足這群人的方式，是創造一個使用天然成分的產品，然後強化這套美學的包裝和訊息。我並不認為Kind零食棒會比其他的零食棒更加健康，畢竟它們含有很多糖分。但是Kind設法把產品連結到能夠傳達健康的文字，像是「純粹」和「全天然」。

Kind的外觀和它的原料相似，而零食棒裡如珠寶般排列的堅果、乾果、巧克力看起來很可口。零食棒的成分都是你能看到、而且說得出來的。你還沒打開包裝，就很清楚杏仁、蔓越莓、巧克力脆片口味是如何。這也是它們為零食棒取名時的概念，有別於班傑利冰淇淋是由反文化來聯想有趣的名字，Kind則完全根據零食棒的成分來命名。如果零食棒含有杏果和杏仁，它就直接叫作「杏果和杏仁棒」，而不是叫「杏果酥」。[35]

美學練習：感官檢核

訓練自己更留意吃的是什麼（或更廣泛的經驗），其中有什麼感受，以及原因為何，這是大家都能辦到的。你愈是全神貫注在體驗之中，就能更加了解決定吃的體驗好壞，有哪些重要因素。你或許經常在外用餐，但是你是否會注意所有的細節？我在哈佛上課的時候，要求學生做餐廳的評估當課後作業，請他們挑選任一家餐廳，描述在裡頭的用餐體驗，讓從沒有去過的人也能有所共鳴。我鼓勵學生把內容重點放在最明顯、與眾不同的元素，並盡可能精確描述。我的學生驚訝地發現，他們在用餐體驗中注意到許多原本沒有注意的事，是在哪個特定的項目上做對了（或做錯了），以及非餐點因素的刺激（像是燈光的品質、通風、甚至是音響）對食物感受的影響。

我建議學生撰寫評估報告時，應該進行一次我所謂的「感官檢核」（sensorial audit），花幾分鐘讓自己沉浸在餐廳的環境之中，盡可能記錄下眾多的感官線索。我常會注意到學生依賴文字、概念、和敘事來描述他們的體驗，而不是花時間去感受和擁抱身處的環境，並領會這一切對他們的感官和全身產生的效應。當學生注意清查他們的感官回應之後，才能準備好進行下一步：根據用餐體驗的相對衝擊（包括正面的和負面的），以及其他關鍵因素，例如這些感官效應是否特別讓人難忘和／或驚奇，把它們符碼化並排定優先順序。當他們能夠清楚列出體驗背後最強大的驅動力，他們就可以專心在一頁報告的篇幅限制下進行闡述。

寫完第一份報告初稿之後，我要求學生先擱置一兩天或至少幾個小時。待他們回頭重新檢討時，他們必須問問自己是否還有需要補充的細節，是否有一些印象或是想法出現了變化？他們重寫這份評估報告時，是否注意到有什麼是當初去餐廳時沒注意到的？在調和感官之後，他們在這整個過程和發現的東西裡學到了什麼？

有意思的是，不到一〇％的學生一開始會把視覺意象加進他們的評估中。大部分人寫的是傳統的商學院報告，謹慎選擇用詞造出結構良好的句子，但是缺少任何形式的非文字溝通，像是圖片、顏色樣本，或是顏色的參考資料、聲音的描述等等。在提供回饋時，我鼓勵他們利用視覺工具，甚至是選擇特定的字體來對應餐廳的周遭氣氛，或是加入最能凸顯餐廳面向的照片（例如人群、空間設計、或是料理）來溝通他們的經驗。我鼓勵學生（我也鼓勵大家）注意某個感官如何影響另一個感官的技藝，以這種方法來評估生活和事業的其他面向，並用文字以外的方式來溝通。

正如我們可以透過調適味覺來擴展我們的美學疆界，同樣地，我們也可以從穿著和培養個人風格來做到。你也許是每天為了該穿什麼要想很久的人，總是走在時代潮流，或創造獨一無二屬於你的「樣子」。或者，你也可能是奉行實用哲學，為了簡單方便而選擇一套「制服」（想想賈伯斯的黑色套衫加藍色牛仔褲，或是已故作家湯姆．伍爾夫〔Tom Wolfe〕的經典白西裝）。你選擇什麼樣的時尚並不是重點：理解和學習如何提升你的個人風格，將有助於你獲取更寬廣的感官知識，或「美學智慧」，也就是ＡＩ。

6 詮釋

——個人風格的詮釋與重新詮釋——

在上一章我們談論了關於食物和味道的品味。美學則是對所有感官感受的鑑賞，而美學智慧是去理解感官如何作用、又為何能夠透過各種形式的刺激啟動特定情緒，特別是愉悅的感受。在這一章我想談論更個人的，關於你怎麼透過外表和風格來開展這個過程（我相信你辨得到），更精確地說，就是你的穿搭選擇。

說到底，好的品味來自內在，透過我稱之為好風格「4C」來展現：清晰（clarity）、一致（consistency）、創意（creativity）、自信（confidence）。你的外觀是否能夠清楚展示你是誰，你的價值觀，以及你的內在自我如何連結到外在的形象？別人是否會把你這個人，和某些風格、時尚標記、或稍早討論品牌時提到的「符碼」聯想在一起？創意展現在你選定的符碼的獨特性。它們能被人一眼認出嗎？你最強的符碼是否獨特、具原創性、而且讓人留下記憶？朝好風格的「4C」努力，不只有助於你強化個人形象，也帶來一套有價值的技能，打造你的事業利益。

許多人把「時尚」看成是輕浮或是放縱。花腦筋設想如何穿搭，常被當成是「第一世界的問題」，無視於那些沒能力在服飾上做太多投資的人們。以我個人經驗來說，打扮最有風格的人，從來都不是那些花最多錢的人。至少，極為富有的人往往缺乏精挑細選、做出明智取捨，和維持紀律的能力，而這些恰是好風格的三個基本要素。

有些人會誤解，認為該關心個人造型的只限於社會的一小群人——例如二十來歲都會型的時尚玩家。但是不分老少、不分男女、在各階層和不同文化裡，我都見過一些人在乎他們的外貌，並以獨特而有趣的方式展現自己。

人類有裝飾打扮的內在衝動，不論是刺青或穿洞，穿戴珠寶或顏色豔麗的碎花布。這麼做是為了取悅自己，也為了吸引他人的注意。每種裝扮都象徵著自我區隔、用身體表達美的需求、以及宣示我們既有的（或渴望達成的）社會地位。裝扮的形式由來已久；二〇〇四年，在摩洛哥四個遺址出土的貝殼珠子，似乎證實早在八萬年前的人類，就穿戴（甚至交易）具有象徵性的珠寶。這些珠子再加上阿爾及利亞、摩洛哥、以色列和南非等地，可追溯到十一萬年前的考古發現，證實是個人飾品最古老的形式，這說明了裝扮這個共通傳統，在各文化之間傳遞了數萬年。[1]

我們每個人對於如何穿著（以及佩戴、或不佩戴飾品）也都有天生的偏好。組合個人選擇的方式，形成了我們所謂的「風格造型」，不論我們是否刻意宣告自己的風格。我對自己的穿著搭配有強烈意圖，而且多年來不斷培養、修改、演化我的「樣子」。我形容它是「兩座城市、兩個世紀的故事」。一方面，我透過服裝和飾品向我的兩位祖母致敬，她們兩人都成長於二十世紀早期的中歐，品味受到了哈布斯堡帝國理念的強烈影響。早先我並未意識到祖母對我的影響，不過隨著時間流轉，我開始了解，象徵華麗、禮儀、和高貴的物件，對我有著清楚一致的吸引力，是因為祖母成長於維也納和法蘭克福的教養，並融合了伊斯坦堡的東方燦爛風華。不僅如此，我也鍾情於精品和手工製品；它們由高度專業藝匠雕琢打造，製作不易、難以找尋、而且經久不衰。這些特質往往出現在歐洲舊大陸的物品。

至於我的「第二個城市」，我是一輩子的紐約客。這些年來我曾待過其他城市，但都不如紐約一般給我家的感覺。我很自然地被感覺像家鄉的東西吸引；那些很酷、很現代、大膽、性感的東西。我喜歡的服裝，看起來是結構良好、如雕塑般成形，但同時也必須華麗、溫暖、而且輕鬆。我並不擔心與眾不同，甚至能樂在其中。畢竟，在紐約你必須努力裝扮才能得到注目！而且，和紐約這座城市一樣，我喜歡幽默。我也喜歡驚喜與遊戲。因此，我往往會加上調皮、出其不意的配件，例如透明壓克力手環、嘴唇造型的紅腰帶、香檳桶的手拿包、或是粉紅色的毛領，再搭配上較經典的襯底服裝，像是我的迪奧黑色皮革A字型洋裝。

你的個人風格不僅反映出你所喜歡、欣賞、或讓你受到吸引的；或許更重要的是，它也反映了你的周遭環境、重要的影響來源，以及文化背景脈絡。理解自己為何被吸引，以及是否會想實際穿戴它們是件重要的事。就如我對當代紐約和歐洲舊大陸文化的歸屬感，你的文化連結可能會告訴你如何穿著打扮。此外，你可能欣賞某個人特定的樣貌，但是自己的打扮截然不同。你的風格應該根據感覺對了、穿起來自在所決定。在拆解你的自我風格的過程中，我鼓勵你思考自己的周遭情況。誰是你生活中主要的影響來源；誰設定了你的理念和標準？你成長的地點和時代是什麼？曾有過哪些事情塑造了你的價值觀，帶給你安慰或能量？有哪些外在因素令你洩氣？一九九〇年代在美國成長時，有個重要的服飾潮流是「頹廢時髦」（grunge），我不喜歡那種造型。它給我的感覺是骯髒、邋遢、冷漠。直到今天，我的衣物都不會有任何與頹廢時髦有關的物品。甚至可以說，我挑選的一切都是要反抗它。對於一九八〇年代的龐克搖滾（punk rock），我也是如此。

我提過，我喜歡受人注目，所以會選擇與眾不同的穿著，這讓我感覺良好。我有一些朋友態度比較保守，她們會選擇合宜而不搶眼的穿著，對她們而言這是好的感覺。我也能欣賞她們的好品味；她們的選擇並非廉價或粗俗，但我不想複製她們。我也有些朋友和同事的風格遠比我更能兼容並蓄。她們混合色彩和形式的程度，對我來說已經有點過頭，有點像小丑。我尊敬她們的原創性和膽量，但也不想複製她們。

時尚業裡絕對不乏自我膨脹或怪誕的人。不過講到瘋癲，大概沒有人比得上艾瑞絲·艾普菲爾（Iris Apfel）。一九二一年，艾普菲爾生於紐約皇后區（她在二〇一八年八月就滿九十七歲），她任職於設計和時尚產業，早年也曾短暫在《女裝日報》（*Women's Wear Daily*）工作。她婚後和丈夫花了兩年環遊世界，之後夫妻倆在一九五〇年創辦了名為「舊大陸紡織工」（Old World Weavers）的紡織公司。它一開始規模很小，從世界各地蒐羅稀有的手工紡織品，他們精確而仔細地加以保存和複製，最後成了最受人尊敬的紡織公司之一。不過艾普菲爾最出名的，或許是她是時尚界最貨真價實的怪胎之一。她喜歡羽毛披肩上的大件珠寶或錯綜複雜的外套和披肩，還有她那正字標記的寬邊圓眼鏡，一切可說是「愈多就是愈好」（More is more）的活見證，這是已故設計師東尼·杜格特（Tony Duquette）說出的格言。以她的形象來製作的芭比娃娃，也是所有芭比造型中年紀最大的。[2]

我尊崇艾普菲爾的風格造型；她的選擇大膽而有創意，但是它並不適合我。她的服飾配件在我身上顯得不協調。她的眼鏡、耳環、手鐲看起來尺寸過大；她的鮮豔色彩則太過招搖。不過艾普菲爾的打扮具啟發性的部分，是她大量且明確地採用了屬於個人的根源、時空背景脈絡、以及人格特性；這要追溯到她與俄羅斯出生的母親，在紐約經營的時裝精品店共度的時光。她成長於一九二〇至一九三〇年代紐約的布朗克斯，身為獨生女的她全憑手邊的工具和個人的想像力，展開她室內設計的職業生涯。也因此，我認為她對待自己的身體，就像屋裡的某個房間，使用一層又一層的物品、色彩、和材質，作為敘事的材料。她的穿著打扮是在說一個故事。同時，她大膽而毫無畏懼，這是發展美學智慧的可敬特質。此外，如同眾多出身勞動階級、作風強悍的紐約移民者，她開展事業時資源有限、卻有著無窮壯志。

找出適合你自己的裝扮需要做出很多的選擇，其中並無所謂對或錯；唯一的錯，是你不在意自己穿的是什麼。不過要記得，沒有所謂無意識的時尚選擇這回事；它們也許沒有藝術性，但絕對是不具意義的。讓自己的穿著具有區隔，不一定是穿著昂貴或是選擇特定印記的服裝，而是要對你的穿著選擇深思熟慮，並培養你獨特風格的外貌，讓自己與眾不同，帶著高度的美感（不管別人同意或不同意）。唯有具備個人的風格，不是一味地「跟風」，仿效伸展台上或潮流網站的穿著，或好友身上的打扮，在文化上才是真正有價值的，也才能對你的事業有真正的價值。

透過風格理解調諧

與另一個人達成調諧，代表著我們不說一個字，透過一個表情、一個眼神、眨眨眼、或是揚起眉毛，就能夠彼此溝通並理解。當我們全神貫注做瑜伽、在公園慢跑、在書店裡翻書，我們集中精神在當下正在做的事情，就與這些經驗達成了**和諧狀態**。論及食物，和諧的能力是分辨一道菜各個層次的滋味，品味我們喝的酒如何影響食物的風味，以及環境的氣氛（燈光、餐桌擺設、音樂）如何影響整體的用餐體驗。論及個人風格和時尚，和諧來自你關注不同風格

（顏色、材料、搭配）給你的感受。

如今我們形容和諧，往往會談到「在當下」或「完全地自覺」。舉例來說，炎炎夏日時躺在沙灘上，你可能感覺到照射皮膚上的溫暖陽光，和踩在腳下的粗礪沙子。你也可能聞到空氣中獨特的海水鹹味。大部分人都對這種體驗感覺愉悅，儘管和它聯想在一起的，像是濕答答的泳衣黏在身上，或是不小心吞了一口海水，並不一定令人愉快。你在身處的環境裡得到的感受，它們如何影響你的身體，以及你如何加以感受，這些交互作用愈是和諧，你就具有更強大的基礎發展你的美學智慧。

就如美學智慧的諸多方面，當我們辨識感官的效應時，身體是比頭腦更好的導引。我記得自己青少年時期第一次嘗試抽菸，我想要享受這個體驗，因為我想要顯得很酷，似乎所有最聰明的孩子都能享受抽菸之樂。把香菸叼在嘴上，或是夾在手指間，實際上是種時尚的宣告。不過我發現實際的體驗並非如此：喉嚨的燒灼感、菸草的苦味、暈眩、輕微的噁心。更不用提吸進第一口菸之後的咳嗽和嗆氣。大部分人並不喜歡他們第一次抽菸的體驗。吸菸者和我之間的差別，在於他們仍堅持下去，最後對以上的身體感受發展出一套全新的情緒反應。到頭來，他們產生了對香菸的渴望，原因來自於抽菸的儀式，以及尼古丁讓人上癮的特質。

要把和諧運用到個人風格和造型，就必須先對自己身體有敏銳的理解。你希望衣服穿在身上看起來是什麼樣子？這可能決定了衣著的形式和輪廓，也可能提示了特定的顏色和花樣（或不要花樣）。你希望衣服穿在身上的感覺如何？這可能會指引你選擇的材料、質感、合身程度。我在尋求個人風格的過程中，經歷了不同的時尚階段，它們對我現今的風格或多或少帶來了影響。我在十六歲時憧憬著大學生活，我想要展現清爽、學術氣息的模樣。自然而然我想到的是大學預科生的穿著，包括羽絨毛衣、白色大翻領的襯衫、樂福鞋，以及卡其裝。我並不喜歡這個樣子，不過進行實驗之前我一點都不知道，也不理解原因。

我嘗試了幾次預科生的打扮，最後終於決定，唉，好吧，這不管用。我感覺它很拘束、老氣、而且很中性。這些都不是我想傳達的訊息，尤其不希望出現在大學生活，因為這是我第一次體驗獨立和自由。我真正學到的是，我完全不屬於傳統美國風（Americana）或是預科生風格，這種造型傳遞的是清教徒式工作倫理的基本精神。我並不喜歡它，當然更不用說要在穿著上表現出來。穿著格子絨襯衫、牛仔褲、斯培里帆船鞋、或是粉紅色配綠色的寬鬆連身衣，宛如莉莉·普立茲（Lilly Pulitzer）[7]的打扮，都讓我覺得不對勁（我很敬重她，不過她的風格不合我的品味）。我承認，我也不喜歡其他女性這樣打扮，但某些男性的新英格蘭預科生風格我比較不會有意見。（我必須說，對理解美學智慧來說，這種差異本身也是有趣的事。）

有趣的是，服裝設計師雷夫·羅倫（Ralph Lauren）打造了俐落的美國風和預科生造型，我認為他之所以成功，部分原因是把性感、奢華、和現代感，融入這款造型傳統的符碼，像是紅、白、藍色或是粉紅色和綠色的組合，剪裁的線條、漿過的麻或棉的俐落布料。另一位服裝設計師湯米·席爾菲格（Tommy Hilfiger）則採取了都會風的處理。他們兩人的方式都很有效，讓造型的符碼具有相關性、被渴望、令人嚮往——簡單說，它成了經典。他們將美學智慧運用到事業上，因而達成傳奇的地位和成就，是創業者的好示範。羅倫的設計吸引了希望像白人菁英那般溫文儒雅，但不失都會風采，同時避免了老氣的消費者；席爾菲格的設計則鎖定想要自己顯得很酷，但穿著可親又得體的都會男子。

一旦你能調和刺激帶來的身體效應，和刺激引發的感受，就可以進入發展美學智慧的下一

7 莉莉·普立茲（1931-2013），是美國社交名流和時裝設計師。她設計的服飾和商品以色彩鮮豔的花卉圖案為特色。

步：清晰傳達（articulation）。這代表著把你的體驗，用構成你的品味和理念的語言、表情、和行為做出回應。本章我們將以選擇穿戴在身上的服飾來做討論。

服裝的符碼是由社經階級，以及早已建立的職業符碼所制定；當然，其中也有舒適和安全的實際考量。它們也是理解美學智慧的一部分，因為它們提供了一個入口，發展對我們自己和對他人穿著方式的同理心。沃爾瑪超市的成功因素眾多，不過其中之一是它的創辦人山姆・華頓（Sam Walton）理解顧客需求，因為他自己也是顧客。他知道顧客在沃爾瑪超市會買什麼樣的衣服，也就是那些實用、廉價、耐穿、在各類場合都可被接受（沃爾瑪把男性西裝襯衫長褲，跟工作褲、運動衫、T恤擺在一起賣）。他自己在沃爾瑪選購東西，也尊重到訪的顧客。華頓真心相信，他不該為了購買必需品多花錢。和他的經營哲學成對比的，是艾迪・蘭波特（Eddie Lampert），他是陷入困境的西爾斯控股公司（Sears Holdings）前任執行長，Kmart 是該集團的子公司。他自己似乎並沒有在Kmart買東西（《浮華世界》雜誌曾形容他的標準穿著包括了「全新的『雪白無瑕』。」[3]耐吉編織飛線大氣墊運動鞋（Nike Air VaporMax Flyknit）——它的最低起價約兩百美元[4]，Kmart並沒有販售。我必須說，如果經營者對於顧客想找什麼東西欠缺同理心，甚至根本沒興趣，這或許是西爾斯百貨衰亡的原因之一。借用克雷・克里斯汀生的說法，蘭波特顯然不知道百貨公司的產品要如何滿足顧客。在我看來，他少的是同理心。

服裝符碼

服裝的符碼幾乎在每個情境都會出現。辦公室有服裝符碼（有時甚至透過員工手冊明確規範），正式場合（佩帶黑領帶）與非正式的派對，婚禮和喪禮也都有服裝符碼。很多時候，這些符碼的制定，是基於文化禮俗或表達同理心。舉例來說，你不會穿低胸晚禮服去參加喪禮，或是披著白紗去婚宴（除非你自己是新娘子）。

時尚符碼的運作方式類似品牌符碼。我們大多數人在辦公室裡會穿西裝套裝、或是現代版的西裝（外套、襯衫、加長褲或裙子），在週末穿運動休閒服（T恤、運動衫、寬鬆長褲），出席正式場合時則穿著我心目中的禮服（強化的色彩、閃光或亮片，較多的配件）。不同的穿搭選擇可以分成兩類：制服和禮服。當你看到某人穿著西裝套裝，自然會認定他是做白領工作，想到「上班族」或「管理人」。制服是你一整天工作時穿的，它具有一致性和可預測性，即使領帶或是鞋子的顏色有些變化。制服的目的是用來強化外界設定的服裝符碼，但是一般說來，它會損及個人的符碼或個人風格。

週末假日的穿著往往也落入制服的範疇：它是你週六早上出門買東西會穿的，而且這樣穿去參加董事會可能會讓你不自在。不過週末假日的穿著，提供了可辨認的地位符碼（這部分稍後會更深入討論）和個性二者之間有些差別。穿著布克兄弟（Brooks Brothers）馬球衫和卡其褲的人，傳達出來的訊息不同於一身來自舊衣店搖滾團體T恤和破牛仔褲的人。禮服是我們在週末晚上約會可能穿的衣服，依據不同的場合而可能有極大的變化，因為我們有時候處於「孔雀開屏時刻」，想要炫示我們的人格特質、慾望和情調。

話雖如此，我認為大部分的服裝符碼都有壓迫性，不光是因為它們帶有一些我們不想傳達的訊息（服從、不情願、恐懼）。每當我邀請別人參加某個活動，常會被問到服裝規範是什麼。我拒絕提供答案！大部分的人都想要融入場合、表現「合宜」，讓別人感到自在。當然這是出自正面的動機，展現出對主人和其他賓客的同理心。但是，我以為大部分的服裝規範都該廢除。

服裝規範的問題在於，它們似乎是由更高的權威所設定，在我看來，比較好的方式或許是採用其他可以表達個人的符碼，而不是根據某個無以名之的監督者，專斷地規定怎麼做才正確。即使一九九〇年代，我在雅詩蘭黛工作時，女性主管仍不被鼓勵穿著褲裝。我認為這是很諷刺的事，因為這是由一名現代女性為眾多現代女性創立的公司。我因此抗拒這項規範。我認為採行「星期五休閒日」的公司和主管，也應該拋棄這個概念；不只是因為它定義不清，也剝奪了人們的創意和風格。服裝規範讓人們少了一個表達自我的關鍵優勢，也等於是告訴別人，他們在公司的身分地位如何。

打破服裝符碼是傳達你的才能與人格特性的一個方式。建築師彼得・馬里諾（Peter Marino），為全世界許多家的香奈兒、路易・威登、迪奧店鋪做設計，他形容自己的正職工作是「穿著皮衣的建築師」。如果你不認識這位備受重視的室內設計師，你一見到他會以為他是出現在一九八〇年代下曼哈頓西區皮衣酒吧裡的人物，因為他不僅作皮衣打扮，還有滿身的刺青。[5]這正是他喜歡這樣做的原因，事實上，他形容自己的打扮是一種「誘餌」。[6]他打破了過去建築師的裝扮符碼：簡單、低調、傳統。從法蘭克・勞伊・萊特（Frank Lloyd Wright）到法蘭克・蓋瑞（Frank Gehry），這套服裝的符碼大致上都不曾改變。

我的許多衣服和配飾在其他人的眼中像是禮服，因為它們的樣式不尋常而且出乎預期。雖然我有一致的風格（兼容並蓄、現代感、來自不同國家與文化的靈感），但是這種一致性並不是因為重複。我承認，以制服為基礎的風格宣言也可能強而有力，例如馬里諾（他很一致地穿著皮衣摩托車騎士裝扮）、史蒂夫・賈伯斯（黑色高領衫和牛仔褲）、還有湯姆・沃爾夫（訂製的白色西裝），但這種裝扮方式對我個人並不適用。反時尚仍是一種時尚。否定它，就等於重新肯定了它的存在。有趣的是，從吉爾・桑達（Jil Sander）到卡爾・拉格斐（Karl Lagerfeld），許多時尚設計師都採用了制服式的裝扮。不過不要弄錯，基本的制服仍可做出強力的宣言。馬里諾的打扮獨特、讓人容易辨識，賈伯斯或沃爾夫的制服都被他人所仿效。想想看命運多舛的血液測驗公司，瑟拉諾斯（Theranos）的執行長伊莉莎白・霍姆斯（Elizabeth Holmes）模仿了賈伯斯的造型，雖然這不是她失敗的主因（這家公司的血液檢驗機器其實並不管用），但也沒給她帶來幫助。[7]這樣的制服也可能是代表某種優越感的符碼：我太忙又太重要，沒法花心思打造外型，但我也希望其他人都注意到這一點。

當然，特定產業的從業人員有真正的制服。因此，發展你自己的風格，可幫你構想如何透過制服傳達你對於品牌的概念。

舉例來說，如第一章討論過的，德爾福里斯克餐飲集團重新設計服務生的制服，作為整體美學要求的基本元素。它雇用了打破傳統的時尚專家艾妲・古蒙茲多特，指導這次的新設計。這套制服必須符合勞動工作本身的實用性，也要有可經常換洗的耐用性；但是它們還必須具備現代感，來強化這家有著前衛思考的牛排館理念，讓它既保有知名老店的傳統符碼，又能超越其他對手。因此，某些職業穿著制服的必要性，並不能當成缺乏美學的藉口。連美國的陸軍都考慮到這一點，在二〇一七年底決定回復廣受喜愛、具有風格的二次大戰時期制服。[8]

在日本，女學生有很長一段時間要穿規定的制服，以不同方式重新打造制服，甚至掀起了一場時尚運動。時尚作家薇吉妮亞・珀斯崔爾（Virginia Postrel）寫道，「在美國大學校園所見到最有挑逗性的服裝」，是穿在一名日本學生身上。她的髮型是少女的馬尾。經典白色棉質制服在腰間打了個結，露出了中間一截，也因此露出了她的紅色胸罩。她的超短制服褶裙往腰下拉低，基本上只能說是圍在大腿上的一條緞帶，露出了紅色的丁字褲。長度到膝蓋高度的白襪配上厚底高跟鞋，給高中女生奇幻造型添加最後的細節，這在日本或許被認為是可接受的（雖然還是具挑逗意味），但是在美國，一如珀斯崔爾說的，這學生可能會被誤認為是應召女。[9]

此外，我們每天在市場、公車、街頭都會看到的那些人，他們傳達的風格訊息是對自己的衣著毫不在意或沒有意圖：過重的女子穿著黑色或藏青色的連身衣，因為她相信這身打扮會讓自己顯得瘦一點；面露疲態的媽咪穿著長袖運動衫或T恤和瑜伽褲，因為這可以讓她很快就輕鬆地出門。如我稍早提到，不在意自己穿什麼，或是選擇最簡便的方式也算是一種決定，會大聲告訴人們你是誰，你的美感程度到哪裡。

文化、地位與風格

個人品味並不是憑空發展出來的。有些品味（包括你喜歡的以及不喜歡的）來自你成長的環境，你的成長和演進過程觀察到的，以及你面臨什麼樣的挑戰、遇到哪些問題必須去解決。風格的一些面向，來自你所生活的時代，包括科技和媒體的影響；還有一些則來自地理特殊性。我們可以（而且應該）排除掉時空環境中不符合個人風格的文化影響。最佳的個人風格應該是不追隨潮流，不去在意它是否「時髦流行」。

長久以來，服飾被用來區隔不同群體的社會地位和權力，全世界有許多文化以服飾強化階級的區分。事實上，過去幾十年時尚走向民主化，並朝向更同質的休閒時尚；在此之前，衣著選擇是人們能夠跳脫階級的一種方式。如果你出身卑微卻買了一套好西裝，你就可以矇混進入專業的社團。臭名響亮（如今形象又再次改觀）的騙子小法蘭克．艾巴內爾（Frank Abagnale, Jr.）（他的角色在二〇〇二年的電影《神鬼交鋒》由李奧納多．迪卡皮歐詮釋）說過：「一套好服裝，在我還是個青少年時，就能以此說服別人相信，我是個醫生和律師。一套燙得整整齊齊的機師服讓其他的機師相信我會開飛機。而另外兩個讓我成功的因素是身高（我長得夠高），以及我的儀態良好。」[10]

透過服飾展示財富，在十九世紀的歐洲已經成為一種習慣，一個人的身分地位可以很容易從他或她的衣著判斷出來。服裝可以代表家庭背景、文化、道德、財富、和權力。在十九世紀和二十世紀早期，棉長褲、吊帶工作褲，以及T恤僅限於勞動階級的人們，[11]但是今日的富裕人士穿著刻意破爛（而且昂貴）的牛仔褲，以及高價位、超薄的棉布T恤。不熟悉當今時尚符碼的局外人看到這樣的打扮，對這些在社會上可能權傾一時的人士大概不會有太高的評價。刺青，過去曾是碼頭裝卸工和摩托車幫派的專屬品，如今對一線女明星和中產背景的「足球媽咪」（soccer mom）都是必要配備；還有我們前面提到的建築師也是如此。刺青不再是被禁止和需要隱藏的，它往往還是紅地毯走秀時的目光焦點，成為華麗晚禮服上的「配飾」。

在古代中國，黃色方位居中、五行屬土，只許皇帝穿上身。非洲的豪薩人（Hausa）部落，大型頭巾和層層疊疊以昂貴、重要布料製作的長袍，專供統治階級的貴族。在日本，和服的顏色、織法、穿著方式、腰帶的尺寸和硬度，都述說了穿著者的階級故事。

某些傳統文化中，唇板、頸環、甚至是裹小腳和馬甲，仍被用來標示社會地位和美。在西方世界，愛馬仕柏金包、克里斯提昂・魯布托（Christian Louboutin）紅底高跟鞋、盟可睞（Moncler）羽絨外套（編按：參考本書第七章）、卡地亞（Cartier）的坦克腕錶、或是香奈兒格子外套，是奢侈品和高社會地位的標誌。雖然這些品項出現了仿製品並以較低廉的價格販售，正牌真品卻為那些能夠辨識真偽和理解奢侈語言的人們傳遞了訊息。

如何看衣服

如果你想認真發展個人風格（或是提升、改變目前你的外觀），你需要觀看衣服、並且試穿，用感官來體驗。如時尚設計師凱．烏恩格（Kay Unger）所說：「你把衣服拿進去試衣間，並不代表你得買它。」[12]試穿衣服唯一需要的，是穿著適當的內襯。衣服掛在衣架上和穿在人身上看起來很不一樣，而且穿在身上時，有沒有配合服裝輪廓搭配合適襯裡支撐也會很不一樣。有結構的服裝需要一些內部支撐讓它合身。烏恩格說：「我最好的建議是：不要害怕跳脫常規。」意思是去實驗那些會吸引你、但是你過去沒有勇氣嘗試的項目。「找出能清晰說明你的風格，而且可辨識的標記或細節，」她說：「對瑪德琳．歐布萊特（Madeleine Albright）[8]而言，是別針。蜜雪兒．歐巴馬則讓人開始接受無袖服裝，並把無袖和腰帶，視為她的標誌打扮。」個人標誌是通向你的風格的入口；就算你因為專業需求，每天上班得穿著套裝，你還是可以保有個人標誌。烏恩格說：「穿件顏色鮮豔的套裝，或者，如果你覺得必須穿黑色或深藍色套裝，那就穿件色彩繽紛的罩衫或襯衫，配戴某件你覺得對自己別具意義、能表達你的特質的物品。」[13]

我也建議尋求朋友幫忙。問起朋友會怎麼形容我的風格時，他們的一些說法讓我大感

8 瑪德琳．歐布萊特是前美國外交官，於一九九六年出任柯林頓政府的國務卿，也是美國第一位女性的國務卿。

意外。他們有些我從沒想過的意見。對於該怎麼穿會好看，你的朋友可能也有一些你自己沒想過的想法。他們提出的某些選項可能讓你難以消受，但這並無所謂。同時，一些你覺得不好看的東西也要試試看。百貨公司不會介意試穿，畢竟他們開店就是為了做生意。注意令你喜歡和不喜歡的東西的顏色和材質；也要注意形狀、輪廓、長度、和寬度。你會開始看出袖子和長褲有繁多的樣式、長度、和剪裁。你能否發現，相對於「不喜歡」的那一堆，你「喜歡」的那一堆具備了哪些固定的形式？「喜歡」的那一堆，是否真的適合你？你能否清晰說出你為何喜歡它們？回答這些問題，會讓自己距離定義自我風格更跨近一步。

形式和顏色的意符

顏色和形式可以扮演擴音器或是偽裝：它們讓你顯得突出、或是讓你融入背景。相信我，當你穿著粉紅色貂皮大衣走在曼哈頓的街頭（我冬天就是這麼穿），不管你身邊發生什麼事，人們還是會注意到你。大部分的人對顏色的選擇，就如同他們選擇的衣物，都是希望感覺舒適，並且能襯托自己的膚色、眼睛、和髮色更為好看。我的膚色非常白，因此冷色系的搭配比暖色系的搭配更適合我。基於同樣的理由，我很少穿紅色和黃色的服裝，我比較傾向藍色和綠色（偶爾會加上一點有震撼效果的粉紅）。

穿著米色或灰色，會讓我覺得悶悶不樂。我的原本設定，或說我的「中和色」是黑色和奶油色。說到底，我個人的顏色選擇是依據尋求快樂的需要；我希望感到快樂，同時也希望讓別人快樂。人們如果希望被人認真看待，多半會避免鮮豔的顏色。重點是，顏色對於穿著者和觀看者，都是一種選擇和氣氛的設定。

許多形式和顏色的出現，是基於時尚之外的特殊用途，但最後它們又成了一種時尚和風格。同樣地，我們使用這些意符（signifier）也是為了它們原本的意圖。舉例來說，軍事的迷彩偽裝是依據「破壞性制型」（disruptive patterning）；概念上是以多重顏色的圖形，打破某個動物或物件的外觀輪廓，達到隱匿效果、避免被掠食者或敵人攻擊。事實上，軍方已把迷彩圖案用在隱藏據點和設備，而非士兵或其他軍事人員身上。軍事技術發展帶來了機關槍和空中攝影，因此法國、英國、德國、和美國的軍方開始脫離傳統上色彩明亮的制服，改用橄欖綠這類暗淡的顏色，之後更使用迷彩的圖形。一九四〇年，美國陸軍工兵部隊實驗了一種迷彩裝，到了一九四三年，陸戰隊開始穿著有綠色和棕色青蛙圖案、正反雙面可穿的海灘外套。[14]

螢光色把不可見的光波轉化成可見的顏色，讓它們看似發光而吸引注意。耐吉的設計師班．薛佛（Ben Shaffer）為了二〇一二年夏季奧運，使用螢光綠在運動鞋的設計上，開啟了時尚的潮流。多虧了螢光色，耐吉的運動鞋在展示架上眾多商品間顯得與眾不同。

顏色和形狀可以扮演組織訊息的重要工具。舉例來說，高速公路上的標誌，通常使用高對比色和間距較大的字體好讓人容易辨別，特別是年紀大的駕駛，他們的眼睛已經逐漸失去對比色的敏感度。

顏色當然也影響我們的情緒。這個現象已有很多人提過；有四種顏色是最常見的「焦點」顏色：紅、綠、黃、藍。這些獨特顏色的重要性，至少在十四世紀就為人所知，而且具有普遍性。[15]顏色不只影響我們對人的感知，也波及我們對品牌的感受。當你為自己考慮顏色的選擇時，先想想它們如何影響消費者的世界。愛馬仕袋子、盒子、和緞帶的燃橙色和棕色，並不經常出現在這個品牌的服飾，不過它們明確地提醒我們，愛馬仕標誌的特質和奢華，以及恆久。

美學練習：詮釋你的個人風格

詮釋是針對我們感官和情緒的自然反應，做出理解和解析。我們憑直覺所感受到的，要用什麼方式接受（進行調和）並做出理解？我們要如何組織感官的感受，並編成符碼？我們如何辨認出模式，並把它們運用在決策與行動上？詮釋自身的感官體驗，是提升個人品味與風格的基礎。詮釋他人的品味，則是好的產品設計、品牌打造、販售、行銷、和創意溝通的基礎。底下的三個小練習，要幫助大家反思個人的好惡，並且從整體思考人們渴望什麼、原因何在。這會有助於提升你的個人風格，進而帶入你的事業、增強它的美感。

練習①：選出你的「美麗標記」

「美麗標記」（Beauty Mark）是你擁有的某項物品，任何一個從商店買來，不是特別訂製或他人轉交而來的，它帶給你特別強烈的情感與親近。我在哈佛上課時，會要求學生帶一件物品（或者替代品，例如它的照片）到課堂上，並且想好這個特定物品有什麼魔力。這個練習的意義，是發掘與探索我們對物品的情緒連結。

有趣的是，大約有四分之三的學生，他們提出的「美麗標記」是時尚物件；也就是服裝、鞋子、和珠寶。我們身為人類，似乎對這類物品有比較強的依附和認同，汽車、3C產品相較之下是較不具個性的物品。服裝和配件的意義和記憶，是個人、而且特別的。我們很多人都記得，在某個特定活動穿了什麼衣服。（舉例來說，小學的畢業典禮永遠會讓我想起當時身上穿的夏日紫洋裝。更好玩的是，有個同學在典禮上跟我穿了一模一樣的洋裝，不過我們的穿法不同。）如今我選的「美麗標記」，是一套沉重的金屬手環（一金一銀），是在思琳（Celine）的樣品特賣買到的。我把它們稱之為「神力女超人手環」。它們不會毀壞，外形如盔甲，帶給我強有力的感受，特別是掛在我纖弱的手腕時。我也喜歡它們視覺上的衝擊（金色和銀色通常不會搭在一起），以及我走路時它們發出的叮噹聲響。

練習②：選出手邊的「礙眼物」

和「美麗標記」一樣，「礙眼物」（Eyesore）是你購買、擁有、不時會使用的物品。不過，相較我們對「美麗標記」所寄託的情感，礙眼物則是引發負面的感受，像是惱怒、干擾、甚至厭惡。但這個物品仍有它的功能。我同樣在課堂上請學生實際舉例，我看到的選項，比起「美麗標記」的類別還多樣分歧。最令人惱怒的東西，服裝和鞋類只占了四成。相較之下，有四分之一的礙眼物屬於3C範疇，手機或筆記型電腦等等，這是學生依賴、但是覺得麻煩的東西。

我有一些礙眼物，其中之一是不鏽鋼鉑富（Breville）濃縮咖啡機，那是我花了五百五十美元天價買的。它可以煮出極品好咖啡，但是，它在磨豆時發出可怕的聲音，接著在煮沸牛奶時又發出刺耳的尖叫。這種噪音在一大早，也就是我通常煮咖啡的時間出現，令人感到困擾。

另外一個礙眼物，是我的迪奧黛妃包（Lady Dior）（以已故的黛安娜王妃命名）。我喜歡它經典的方格造型、加襯蕊的亮粉色小牛皮，和金色重點色。那麼問題在哪裡？它取用上不方便。盒子造型包包上方的拉鍊，無法從一頭拉到另一頭，東西在包包裡取放都不容易。我每次用這個包，我的手總是被刮到。除此之外，我的一般尺寸皮夾，沒辦法從袋口妥當地放入（我猜黛安娜王妃從不用擔心帶皮夾）。這兩個例子的教訓是，好的設計必須考慮到對所有感官的衝擊。

練習③：描述你的風格偶像

風格偶像，指的是某個你在風格上最想成為或仿傚的人（無論是活著或已過世）。指定這個練習題時，我要求學生帶來自己的風格偶像圖片，思考一下其中有哪些元素最吸引自己、以及原因是什麼。有趣的是，我的學生百分之百都選擇了與自己相同性別的「偶像」。換句話說，男性只會以男性作為他們時尚／風格的權威指引，而女性只選擇女性。我的學生有九〇％的驚人比例，選擇仍然在世的人，只有一〇％的人選了不同世代的人物（例如賈桂琳・歐納西斯、卡萊・葛倫、史提夫・麥昆）。最後，八〇％的學生選擇的是某個名人（按比例高低依序是好萊塢明星、歌手、運動員）；只有二〇％的人選擇他們身邊親近的人（祖母／母親／朋友），或是較不知名的意見領袖（例如社群媒體網紅）。

這個練習題需要深刻地探索。問問自己，為什麼你想把某個人當成偶像。他們的形象有哪些面向對你的風格有影響？它們如何對你發揮影響、原因為何？以我而言，我想到了幾個女性偶像。（對，我也選擇了和我同性別的人。）我最崇拜可可・香奈兒，因為她的時尚進步、大膽、有女性主義風格。我喜歡她打破規則的天性，和制定新規則的自信。我崇拜凱特・布蘭琪（Cate Blanchett）的智慧、優雅、和節制。我崇拜凱薩琳・丹妮佛（Catherine Deneuve）的女王般神祕氣息。還有崇拜多羅西・帕克（Dorothy Parker）[9]的機智、魅力、和精靈古怪。當然，沒人能完全體現我全部的期望，不過以上是我的首選，她們對我有著恆久不變的吸引力。

我們可以理解，服裝並不只是好看，食物也不只是味道如何。它們二者都是人類生存的必須，在本質上提供人類延續和保護。同時，它們也是巨大愉悅的來源。除了吃和穿，第三個兼具基本需求與喜悅的，是住所（shelter）。這三大基本要件，被視為人在自立之前必須仰賴父母提供（當然，還有愛）。不過，我們生活在相對繁榮和富足的年代，大部分人都遠超過了馬斯洛（Abraham Maslow）的生理需求層級[10]，並把這三個基本需求（還有其他許多東西）當成追求自我實現和幸福的管道。下一章，我會把重點放在第三點，也就是住的部分，將它當成追尋美學智慧的一部分。設計良好的空間，是美好策展的終極範例。讓我們學習，從室內設計導引出喜悅和慾望，以同樣的原則和技巧，創造你的品牌事業的美感價值。

9 多羅西・帕克（1893-1967），美國女詩人、專欄作家、劇作家，以都會風格的機智幽默著稱。
10 亞伯拉罕・馬斯洛（1908-1970），美國心理學家，以需求層次理論知名。他主張人是「追求完全需求的動物」，並把人的基本需求區分為五個層次——生理、安全、社交、尊嚴、自我實現。

7 策展

——讓風格和諧與平衡的藝術——

「策展」（curation）是人們經常使用、但不知道它確切意思的詞之一。這個詞我想到的是它與「修復」（cure）或是恢復有關。對事業進行修復與恢復的策展，不只是排除掉沒有作用的事物（還有讓人分心、或帶來損害的事物），也要把發揮作用的事物，成功地加以組合、用令人愉悅的手法呈現。策展或是修復，並不只是削減或移除；它也意味著把保留下來的東西，用令人愉悅的方式組合在一起。在美學事業的脈絡底下，策展是保存一個產品、服務、廣告宣傳，或是店面設計的和諧與美。我們在這一章將探索策展過程，觀察它如何影響我們對消費者提供的選擇，空間設計的體驗又如何對公司盈利產生真實的效應，以及，最後一點，如何運用也適用於你本身事業的策展過程，透過創造個人空間（它真正反映你的品味和價值觀），鍛鍊你的策展技能。

義大利外衣品牌盟可睞，是一九五二年由瑞內・拉米雍（René Ramillon）創立，它的名字來自發源地蒙內斯提爾－德－可勒蒙（Monestier-de-Clermont），一個靠近格勒諾布爾的小鎮。它最早的產品包括了羽絨睡袋和帳篷。這家公司的第一套羽絨外套或稱帕克服（parka，連帽的軍用大衣）於一九五四年推出，原本是供工廠工人作為禦寒之用。法國登山家李歐尼・特瑞（Lionel Terray）看出它的潛力，而加以協助開發了滿足他自己登山探險所需的系列外套。同年，一支義大利登山隊攀登喬戈里峰（K2）時也穿了這件外套。一九六八年格勒諾布爾冬季奧運中，法國滑雪隊也使用盟可睞的服裝。盟可睞的羽絨外套對抗酷寒天候具有實效，但這項產品一開始卻像是個不成形狀的大布袋。到了一九九〇年代中期，這個品牌遭遇財務困難，在高端市場難敵如普拉達（Prada）這類知名品牌，在較中價位、走運動風的市場則被北面（North Face）所取代。這個公司問題叢生，亟待整修。

二〇〇三年，這個品牌由義大利創意總監兼創業家瑞莫・盧菲尼（Remo Ruffini）買下，他出身歷史悠久的義大利紡織業家族。當時，這家公司的銷售額只有六千萬美元，而且公司財務失血嚴重。在盧菲尼的領導與策展之下，這個品牌從一個生產簡單、厚重的鵝絨外套公司，晉升為法國人眼中的「時髦外套」（la doudoune chic）、和義大利人眼中的「奢華羽絨外套」（il piumino dilusso）。二〇〇八年，私募基金凱雷集團收購了公司四八%股份，成為它最大的持股人。我身為凱雷的常務董事，也在那一年加入了該公司的董事會（並一直留任到二〇一〇年），任務是協助公司擴展北美與其他非歐洲的市場。

二〇一三年，這家公司在米蘭證交所公開上市。凱雷集團在幾年之內逐步出脫持股，成為這個集團歐洲基金報酬率最豐厚的交易之一。如今，盟可睞雇用超過一千名員工，每年創造的營業額接近二十億美元。它同時也是有史以來第一家展現時尚權威的外套品牌。

那麼，盧菲尼是怎樣運用美學來策展，或說修復這家公司？他維持了高品質的工藝與細節，不過他將產品風格現代化，並且納入了更多高端時尚與高科技的元素。在堅持其核心產品羽絨外套的情況下，他同時擴展了產品生產線（例如靴子、帽子、毛衣）。這家公司出人意表地與托姆．布朗恩（Thom Browne）、渡邊淳彌（Junya Watanabe）、詹巴蒂斯塔．瓦利（Giambattista Valli）等知名設計師合作，為公司產品添加了活力與時尚感。此外，盟可睞在意想不到的地點，舉辦了引人熱議的時尚秀（例如模特兒在曼哈頓的卻爾西碼頭旁走秀、在紐約中央車站的模特兒快閃行動、以及在紐約中央公園沃爾曼溜冰場的滑冰活動），爭取到系列服裝更多的報導篇幅，以及高品質與高科技的品牌定位。盟可睞如今在全世界重要地點有超過兩百家分店，它在零售據點的拓展並非一夕達成，每家店面的空間都針對所在地點（滑雪勝地或市中心）做過精心設計。[1]

有幾本書專門探討了「選擇過載」（choice overload）的問題，指的是消費者面對太多的選擇，有太多的決定要做，但時間又太少。在《只想買條牛仔褲：選擇的弔詭》（*The Paradox of Choice*）這本書中，巴瑞．史瓦茲（Barry Schwartz）說明，過多的選項對我們的心理與情緒健康有害。它也可能對一家公司的獲利有害，因為消費者可能會因此放棄做選擇；就算他們設法做出了決定，往往也會對自己的選擇（以及對品牌）不滿意。

哥倫比亞大學商學院教授希娜．艾恩嘉（Sheena Iyengar），她的研究也專注於協助消費者做出更好的選擇。在許多方面，特別是關於選擇過載，她的建議呼應了策展的過程。她的一個研究，觀察人們決定退休儲蓄，針對的是退休計畫中基金選項的數目，如何影響人們決定為未來存更多的錢。當一份退休保險只提供兩種基金時，願意參加投保的比率大約是七五%。如果退休保險提供五十種基金，投保比率會下跌至六〇%左右。艾恩嘉發現，有愈多的基金選擇時，人們就愈可能放棄選擇，而乾脆把他們所有的錢都放在貨幣市場的帳戶中。這對未來的財務安全而言，並不是明智的決定。[2]

艾恩嘉發現在消費市場上，選擇過載會降低參與度，還會損及決策本身的品質（必須做更多選擇會導致做出較差的選擇），以及最終對選擇的滿意度。

如何運用策展協助消費者做出較容易也較佳的選擇，同時在決策的過程中讓他們感到愉悅？策展的第一步，是去除掉多餘的信息輸入。艾恩嘉提到，當寶鹼公司把旗下品牌海倫仙度絲（Head & Shoulders）的供應品項從二十六項減少為十五項之後，銷售額增加了一〇%。當金貓公司（Golden Cat Corporation）把它銷售表現最差的十項產品刪除之後，利潤提升了九七%，原因包括了生產成本的降低以及獲利的增加。[3]全世界第九大零售業者奧樂齊（Aldi）也學會這個教訓，只提供一千四百個產品選項，相較之下，一般雜貨店有四萬五千個選項，沃爾瑪超市更有多達十萬個選項。你要去掉多餘的選項，或是看不出獲利跡象的選項。你要提供什麼？它們有多少種版本？它們之間的差別是什麼？如果你無從區分你的產品，你的顧客也不會有辦法。

第二點，在消費者做出選擇前，先幫他們想像做出選擇會帶來的情緒效應。人們能否從觀看、觸碰、甚至嗅聞一個物件得知它會帶來什麼感受，以及將它帶回家之後仍持續具有吸引力？當恩特曼（Entenmann's）的糕餅產品第一次推出時，它們的包裝設計就如同真正的糕餅舖，是一個由上方掀開的白色盒子，搭配了透明玻璃紙讓人可看到裡面擺放的糕點。它們擺放的位置，也通常在陳列貨架的前後兩端，很少擺在餅乾區的成排商品中，讓它們脫離像是趣多多（Chips Ahoy!）和香草威化餅這類尋常的盒裝和袋裝的糕餅。光是看它的包裝，你就知道裡頭的餅乾柔軟爽口，餅乾上的巧克力脆片或糖霜則滑嫩香甜，跟放在餅乾區如厚紙板般的乾硬餅乾形成強烈對比。

增加互動和協助顧客完成選擇（也就是做出購買的決定）的第三個方式，是在零售店或其他做出選擇的場景裡，為商品項目做清楚而有意義的分類。事實發現，如果把選項做更適當的分類，我們就能處理更多的選擇——不過，分類必須是對顧客具有意義，選項也不能太多。艾恩嘉發現，當韋格曼（Wegmans）的百貨店把它供應的數百種雜誌，安排為較少的類別（也就是「男性」、「女性」、「科技」、「食品」、「運動」、「設計」），比起把這些雜誌分成二、三十種類別時賣得更好。除此之外，分類不應該按照訊息或是產品特色，而是要按照人的情緒。舉例來說，在香水部門，消費者並不會根據邏輯上的區分（價位、化學成分、或是出產地），而是根據香水所投射出的氣氛和意象來回應（浪漫、性感、或是潔淨）。

要協助顧客享受決策過程的第四個要件，有點諷刺的是，要增加所做選擇的複雜性。如果以正確的方式提出要做的選擇，它會帶來更深刻的互動，並創造出更豐富、更有趣、更值得懷念的體驗。在順序方面，重要的是讓顧客從簡單的決定開始，然後逐漸加入更富挑戰性的選擇。這個方法維持了互動，並加深了你的顧客對其選擇的投入程度，營造出興奮感。艾恩嘉談到了選擇買車時的選項和特色。如果消費者從較簡單的選擇開始（內裝的顏色，有三種選擇），最後再加上較複雜的選擇（例如材質類型這類內裝的細節，十種選擇），他們會有更多購買的熱情。

相對之下，如果你一次就把所有的選擇放在消費者面前，他們往往感到難以承受，也更可能乾脆取消交易。這種作法是對於做決定的人（也就是你的顧客）缺乏同理心，同時也是你對於你的產品或服務，從產品開發、包裝設計、廣告促銷、到零售配送與訂單履行的整體美學，缺乏完整深思熟慮的徵兆。

和大部分的技能一樣，我們需要透過練習才能真正熟悉策展，而且我們可能少不了實務參與的練習。透過室內設計的過程，也就是根據個人偏好和需求布置一個空間，我們可以學習到很多關於策展的知識，並說出一個強大的美學故事。即使是幫助員工安排退休保險，也可以在過程中獲益，因為構思如何組合、並加以呈現，和這樣的組合帶給他人的感受是什麼，將帶來更好的結果。

美學智慧的力量，在消費性產品與服務方面最明顯，不過它在專業型服務的公司也可成為具有意義的區隔。幾年前，我還在私募基金凱雷集團擔任合夥人，當時就負責消費與零售產業的企業收購。這是個高度競爭的環境，有數十個投資者競逐為數愈來愈少的高品質交易。具吸引力公司的賣方，面臨估值愈來愈高的多方報價轟炸。像凱雷這樣的投資者很少能光靠價格贏得交易。事實上，凱雷和它的主要競爭對手，如黑石集團（Blackstone）、科爾伯格．克拉維斯．羅勃茨（Kohlberg Kravis Roberts，簡稱KKR）、貝恩公司（Bain & Company）並沒有太大的不同。這幾家的團隊成員同樣來自少數幾所商學院，這些投資專業人使用同樣的數學公式來分析和評估公司，他們與同樣的銀行合作建構交易、協商出最佳的貸款匯率，並得到相同的買斷機會。所以說，差別在哪裡？為什麼凱雷贏得了某些交易，而它的競爭對手贏得別場交易？

以理性來說，投資人尋找的標的物件都差不多。不過它們過去都有、如今也仍有一個關鍵的區隔：核心價值、人格特性、以及企業風格，你可以說這是公司的美學。通常這些藉以區分的特徵，始於創辦人的價值觀、人格特質、以及風格；並且，這些特徵將會清楚而有力地展現在每家公司所代表的關鍵成分。在賣方的市場裡，賣方要選擇的投資者，必須透過其選定的美學敘事能符合賣方價值觀和風格的故事；他們希望在談判過程感覺自在、受到理解、並得到保證，特別是，如果他們對這家公司，以及他們將參與的未來抱著長期展望的話。大家不要低估了美學協助傳遞這種自在與保證的力量。

當我來到凱雷集團在華盛頓特區的總部，拜會至今仍擔任共同董事長的共同創辦人魯賓斯坦時，[4]我體會到了魯賓斯坦和他的共同創辦人有一套非常特別的價值觀。魯賓斯坦出身寒微（他的父親是郵局員工）。儘管他如今是全美國最富有的人之一，他的財富全憑自己一手打造。凱雷集團的總部在許多方面都反映他的出身背景：簡單、不裝飾、低調謙抑。辦公室隔間小、外觀權宜從簡，牆壁彷彿是公司為了幫新來的員工多擺一張桌子而隨意拼裝上去。凱雷並沒有把公司可觀的資源，投資在室內設計或辦公室的家具上。

強調功能和簡明的辦公室，傳遞了凱雷的創辦者一個重要的價值觀：他們只在乎投資能為公司股東和員工賺錢的東西。這**就是**一種美學，而且沒有對或錯。它確實給潛在的合夥人或投資者說了重要的故事：這家公司專注於工作，同時只專注於工作。這家公司並不標榜菁英或奢華，儘管它的成員是全世界最聰明和最有錢的人。對一些人來說，這種簡要的美學是個重要的資產，是讓凱雷成為美國最成功、也最受信賴的私募基金的理由之一。

與它相對的是另一個傳奇的私募基金公司，亨利・克拉維斯（Henry Kravis）位在曼哈頓西五十七街九號的KKR辦公室。訪客們甚至到達接待區之前，就得通過層層安檢關卡。深色木條的牆壁，莊嚴猶如碉堡般、且擺設了珍貴的藝術品；辦公室裡擺放厚重的家具。走入這些辦公室讓我感覺到自己渺小而受到威嚇。這並非偶然意外。辦公室的設計是要讓人感覺正式而氣勢逼人。有些顧客會受這種美學的吸引；事實上，他們想找尋這種感覺，並在辦公室傳遞的力量、威嚴、與自信之中感到安心。

凱雷和KKR最終或許能為顧客帶來類似的投資回報，不過真正能加以區隔的，是他們的美學，而且不論有意或無意，他們各自在美學上的選擇，構成了投資者或賣方選擇其一的因素。

對於你在個人和專業這兩個不同面向的人格特性，你必須樂於投入努力。這是讓體驗（以及美學的選擇）具真實感的關鍵。它的必要性在個人化妝保養、時尚，以及一對一互動為主的事業，最為明顯。而傳統上不涉及美學的事業，例如工業產品、科技、日用品、健康醫療，以及金融服務等，如今這點也變得必要。直到最近，這類產業大多數仍把個人領域和專業領域區隔開來，強調它提供的產品邏輯、理性層面，特意不去強調價值觀與人性，對於顧客做選擇有關鍵作用，這對他們而言是個損失。畢竟他們所做的每個決定，在某方面而言都是（或至少可能是）個人價值觀與美學的問題。也正因如此，我主張不論是哪一個產業，都要把美學智慧當成表達與傳遞產品和服務過程的核心。在這個時代，如果你不把美學設計投入營運之中，你就可能被這麼做的競爭者甩在後頭。

我和一些高階主管在他們的辦公室會面，發現他們的空間擺設，都是傳統的「企業」風格，除了一些家庭成員或旅遊的加框照片，陳設裡缺乏個人品味或是獨樹一幟的物品。相反的，當我到他們的家裡拜訪，感覺就截然不同：精心布置的空間、牆上掛著藝術品、沙發上擺著靠枕，還有取自人生各階段和體驗的裝飾品。如果這個主管是個已婚男性，通常是他的妻子來主導住家設計。不過，為何他們居家生活的表現方式與辦公室生活如此的不同？更廣泛來說，為什麼這些主管對於設計和創意過程，沒有像他們對工作中更具分析性和技術性的過程一樣投入？

我猜想，許多企業主管把住家當成陰性空間，而把辦公室當成陽性空間。他們認定辦公室，甚至是法律或財金的辦公室，必須是無關個人的、外觀是傳統上的「陽性」，這種想法不只錯誤而過時，同時也錯失了創造美感經驗，為員工、合夥人、顧客、和消費者帶來生產力和愉悅影響的機會。這是不符自然的區分，因為在工作場所我們仍舊是人；去除人性特質的那一面，只會損害解決問題的創意和情緒的健康，並對公司利益造成傷害。它禁制了我們和同僚之間，以及和我們與顧客之間真誠的連結。

不論你是誰，做你自己都要比角色扮演**更為**容易；因為它不費工夫，也給你自己、你的職員、和你的顧客帶來解放。把你的人格特質帶入你的工作與工作環境，最終把它帶進你提供的產品和服務，這是讓你的事業與人有所區隔的方法。最終，或許你的產品和服務在特色和功能上並非獨一無二，競爭者可以很容易就複製你所做的，但是他們無法複製的是你的人。

策展、選擇、以及百貨公司的衰亡（與重生）

百貨公司在設計空間時總是試著把顧客放在心上。不過近來傳統的百貨公司美學，已經喪失了它的優勢。這個零售形式數十年來持續衰退；根據美國人口普查局統計[5]，它的零售銷售額占比從一九九八年的五．五四％，下跌至二〇一七年的一．五八％，重新設計百貨公司的購物體驗，成了商業上的必要課題。

近年來，消費者不大會把逛百貨公司看成是一趟尋寶探險。他們對於流連店家翻找商品不感興趣；他們也不會陶醉在發掘和驚喜的過程。他們想馬上得到他們想要的，而且他們沒有耐心排隊久候，或是聽到他們需要的尺寸缺貨。他們只是要拿到他們所要的，然後離開。策展的舊模式與傳統的顧客服務，對他們毫無效果。

隨著亞馬遜、威菲兒，以及其他數位零售業者持續發展和完備他們的演算法，優先考量便利性和預測消費者購買選擇，實體的百貨業者面臨更大壓力：它們不僅要企劃所提供的產品，也要重新打造顧客體驗。

幸運的是，百貨公司（和其他實體零售業）仍有一些促進繁榮的方法，也就是提供吸引人的理由，讓消費者願意造訪它們的實體空間，並激發他們花錢的動機（例如：提供較少、但**更優質**的選擇）。百貨公司也必須對於自己是誰、代表什麼價值（以及想要培養什麼樣的顧客），傳遞更強的觀點。旗幟鮮明的觀點並不能取悅每個人（這不是重點），但是會對忠實的顧客產生共鳴。關注美學的零售業者，同時也必須提供卓越的服務。他們必須投資在員工的招聘，並培養真正關心客戶服務、具備知識和專業技巧的職員。這一切來自零售業有意願和企圖心，想要創造深度沉浸的豐富體驗，它無法被其他商家輕易複製，更不可能被電商取代。在地的零售業也必須更加細膩，找出為消費者帶來新鮮和驚奇的方法。要做到這一點，零售業必須在策展面有強烈的干預，做一些困難的取捨，揚棄過往的管理標準，像是坪效、轉換率、客單價等等，[6]採用更有意義的衡量指標，例如顧客店內體驗的時間長度、互動情況，以及可資紀念的程度與購物決定的相關性、產品滿意度，以及再度光顧的偏好度等等。

一些百貨公司開始實驗「新鮮就是好」（fresh is best）的策略。舉例來說，芝加哥地區的卡爾森百貨公司（Carson's），新老闆賈斯汀．吉村（Justin Yoshimura）是科技業的創業家，他在二〇一八年九月，以九十萬美元買下了旗下包括卡爾森公司在內的Bon-Ton控股公司的智慧財產權。在吉村的領導下，卡爾森百貨公司不再是每季補貨一次。而是每天接收新的商品，並且兩星期之後就更新所有的商品。這意味著你看中想要的東西，得當場馬上買下，因為下一次你再逛百貨公司時，它可能已經不在了。這也代表下一次你會看到許多新東西。[7]卡爾森同時也減少了服飾部門五〇%的規模，但是擴大了玩具和家具部門的規模；後兩類是消費者更有興趣在百貨公司購買，而不是線上選購。這非常合理，因為消費者購買這些東西之前，很可能會想檢查確認玩具的品質和安全性，以及大型家具的外觀和舒適感。

體驗的策展

經常更換商品和減少品項選擇，這兩個策略能讓零售業有機會成功。另一個策略則是，創造帶來娛樂和啟發、有魅力的環境。我個人最喜歡的三個實體百貨店，是10 Corso Como、[8]多佛街市場（Dover Street Market）、[9]和ABC地毯家具（ABC Carpet & Home）。前兩家有全球精選的地點，最後一家則以紐約市為據點。[10]它們各自透過悉心的策展達到成功。它們賣的產品類別和品牌，許多和布魯明戴爾（Bloomingdale's）或薩克斯第五大道（Saks Fifth Avenue）這類大型百貨公司相同，不過它們銷售的方式，卻讓購物變得有趣、刺激、難忘、教人渴望。而且，它們是根據感性來策展物品，並不是如線上百貨提供無所不包的選擇，或是像傳統百貨琳瑯滿目的產品。因此，它們讓消費者容易做選擇。它們不是把所有東西提供給所有人；它們著重特定消費者，同時只提供他們最好的選擇。

有趣的是，一九八〇年代的布魯明戴爾和一九九〇年代的薩克斯第五大道，也曾經提供令人興奮的購物體驗，但是它們都無法維持幾十年前作為「必訪店家」的品質；像是特殊的商品和令人眩目的陳列方式。

在米蘭和首爾等地設點的10 Corso Como，是曾任《時尚》義大利版的時尚編輯卡拉・索薩尼（Carla Sozzani）於一九九〇年創立，她把它稱之為，以藝廊和書店為核心的「虛擬敘事」。它非常像一個活生生、會呼吸的雜誌，在美食、時尚、藝術、音樂、生活風格、和設計上，有著清晰可辨的採選編輯，或者說策展樣貌。來訪的客人在這個脈絡下學習、認識，並且觀賞物品。顧客與商品互動的方式，彷彿在顧客自家一樣；他們被鼓勵去撫摸、握持、和試用。對商品的策展也是獨一無二：它們是國際級、匠藝獨具、手工打造，在其他百貨公司不會看到同樣的東西。因此，你在店內不光是享受特殊的穿梭體驗，你也沒辦法用手機在亞馬遜取得同樣的物品，避免了過去這幾年傷害傳統零售業的「展廳效應」[11]。除此之外，這一切的美學驚奇，發生在大約兩萬五千平方英尺的空間，這只是典型百貨公司二〇％的大小。

11 showrooming effect，也就是消費者只把實體店當成展示廳的一種現象。

多佛街市場同樣地以敘事呈現品牌與概念。它的陳列活潑而有創意。它們述說了關於產品、產品設計者，以及潛在顧客的故事。創辦人川久保玲跟記者說：「我想創造的市場，是各種領域的不同創造者聚集在一起，在美妙的混沌中持續前進，各色人物的心靈交會融合，共享著一個強烈的個人願景。」[11]

在倫敦分店裡，展示的帽子掛在一堆交疊的宴會椅上，形成雕塑、有如一棵樹的效果；而你從椅子的「樹枝」上拿起一頂帽子試戴。它的耐吉商店則是店中店的概念，規劃與陳列的方式與眾不同。你當然可以網購耐吉的運動服，但是多佛街市場的創意，可以吸引消費者當場購買。它的商場成為一個特展空間，讓「逛耐吉」更有體驗感。

多佛街市場在陳列上打破了許多成規。它運用了許多意想不到的展示策略，例如把帽子擺放在一堆椅子上頭，或是各種結合堆放或懸掛商品的陳列結構來創造通道，這和大部分百貨公司利用置衣架建構出走道的傳統方式大不相同。多佛街市場的陳列，達成一場獨特的探索體驗，結合了特色明確的商品，既反映出實體店面的美學，也反映了顧客對於新奇與驚喜，懷抱期待與渴望，更勝過網路電商強調的便利與「無阻力」（friction-free）購物。

ABC地毯家具的空間，曾經比10 Corso Como或多佛街市場更加寬敞，不過這家曼哈頓的商店有趣之處在於，儘管它提供更大的空間和更多樣的商品，它仍緊緊扣住所要服務對象以及代表的精神。我常常把ＡＢＣ地毯家具旗艦店，形容是裝著精靈的神燈，它有成堆色彩繽紛的絲毯、整架擺飾用的枕頭、交錯並置的古典和當代家具、以及超乎預期的意外發現。店裡從不賣雜牌或品質不良的商品，以免折損它的美學，讓它對於自己昂貴和奢華的價格理直氣壯。不過它對所有顧客一視同仁；對於只是來找靈感的客人也同樣歡迎。事實上，它已經成了到訪紐約的景點。

上述這三家百貨公司都不是把它們的空間當成賣場樓層，而是當成一座劇場。它們小心地注意商店如何布局；顧客在裡頭尋訪的路線不是線性的，而是有機而且迂迴。每處轉角都有一個驚喜，每個陳設當中都有一段故事。大部分的零售業者使用傳統的展示架（長方形或圓形造型），面孔朝外的人體模型、以及其他過去百試百靈的商品陳列。這些方法如今對零售業是反效果，因為消費者對它們習以為常，以至於甚至看不出它要提供什麼。Kmart百貨在二〇一五年雇用了行銷主管凱莉．庫克（Kelly Cook），試圖以創意策略為公司注入新生命。[12]凱莉任職至二〇一七年，之後轉任到零售商一號碼頭（Pier 1）。

這些商店了解、並且努力迎合它們所在地的市場。更重要的是，它們都願意放棄規模，而追求深度和持久性。如果你觀察積極擴張的零售業像是Gap、西爾斯、傑克魯（J. Crew）、亨利·本戴爾，他們無可避免地要受制於如何巧妙適應市場變化，**同時**要應付經營大型企業的巨額固定成本（營運、薪資、水電、租金）。

與其用膚淺的方式爭取廣泛的大眾，這些店家深耕市場，聚焦在小眾利基的顧客，和有目的找尋特定商品的顧客。這些人的忠誠度與好奇心，會讓他們一而再、再而三的光臨。深入而集中的策略，是美學的核心原則。

這三個零售商，和其他完善並且持續進化的零售業者，為我們帶來重要的一課：它們的領導者相信策展的力量。每一家商店的團隊必須完全相信他們的美學願景，並且以清楚、自信、和支持做出前後一貫的清晰表達。如果這三家公司持續關注消費者需求與商品的相關性，它們將能保有長遠、可永續經營的經濟模式。

策展，從個人空間開始

掌握如何策展你的個人空間，這個過程有助於你在事業上做出更好的策展決定。就和所有肌肉一樣，你必須透過練習發展自身的策展機能。此外，一旦你具有對個人風格的強烈感受力；也就是能清晰準確地了解，你自身的生活中有哪些會帶來好的感覺，哪些則不會，你就能把這種理解和辨識力運用在事業上。透過正確的策展，你可以和顧客建立良好的信賴。

當我們設計和策展住家、辦公室、零售商場、或是產品，我們必須想著使用者的面貌與需求。如之前所說，愈是了解自己如何運用空間（或是如何體驗食物或穿著），就愈能夠和他人建立同理心。在室內設計上，我們必須考慮誰會待在這個空間，他們會如何使用；這會迫使我們下工夫思考設計元素的安排，並對空間中的物件，以及它們如何放置進行策展。我們在一個空間裡如何生活和感受？不要太嚴肅，僵硬而緊張的空間最讓人不舒服。幽默可以帶來放鬆，並幫助建立連結，是傳遞各種訊息時重要的因子；特別是在設計上，如何把設計的巧思傳達出去。陶藝家與設計師喬納森．阿德勒[12]就運用這項特質來打造事業，把搞怪的人像和諷刺的主

12　喬納森．阿德勒（Jonathan Adler）生於一九六六年，是美國陶藝家、設計師。他在一九九三年用自己的姓氏創

題帶進他提供的產品。

或者想想看古拉・瓊斯多提爾（Gulla Jónsdóttir），一位出身冰島，以洛杉磯為基地的建築師和家具設計師。她尤其擅長空間設計和家具，讓它們與周遭環境達成和諧。她生長於險峻而壯麗的北歐，而她和冰島獨特自然元素的連結，激發了呼應自然的空間體驗，既有趣且具同理心。透過有機的造型和曲線，使用大理石這類自然材質，以及中性的顏色，她的設計是向冰島的崇山峻嶺、黑色火山熔岩、迷濛的灰霧，以及夢幻般的海上景觀致敬。不過瓊斯多提爾也受過數學家的訓練，因此她的設計精確甚至具幾何效果，反映了她對人們在空間中移動和空間使用上的理解。她設計的房間和空間，帶有熱情友好的氛圍讓人放鬆，同時又明確；也就是說，是專門為使用目的和氣氛而設計。許多如瓊斯多提爾這樣的「企業美學家」（business aesthetician），他們的作品說明了企業美學需要有意圖、策略性的操作，即使它是由個人出發、而且是出於直覺的。

二〇一四年我在紐約市郊買了一棟房子。我會形容它是在理想地點上一棟「還算可以」

立了陶瓷藝品店，隨後事業擴展至居家飾品與室內設計，以具有大膽創意的異質元素並置風格著稱。

的房子。我天真地以為我只需要一些外貌更動（新的廚房櫥櫃和櫃檯、新的家電用品、牆壁重新上漆），房子在施工封閉六個月之內就可以入住。我找了天才洋溢的室內設計師好朋友亞爾曼・奧特加（Armann Ortega）幫忙構想。不過，幾個星期後，我們就明白這棟房子需要的不只是單純的改造。（類似的話想必許多讀者也熟悉。）原本只是六個月的短期工程，最後成了兩年的漫長歷程，同時也是我個人美學發展裡，最讓人大開眼界的一回作業。

我對顏色和風格一向很敏感，但我沒有想到製模、光線，以及其他建築細節會影響到空間的感受。我沒料到，我原本打算在新房子裡使用的舊家具，氣氛和色調未必能與新房子的建築與地點和諧搭配。我因此了解，即使是微小的選擇（水晶門把或是黃銅門把，諸如此類），都能（或不能）添增我努力想達成的美學。我的預算並非沒有限制，而且我也學到不一定得花大錢才能達到期望的美學價值。

開始裝潢房子時，我使用了一個「情緒板」（mood board）的策展工具。我仔細翻閱家居雜誌，找尋配色方案、家具、材料（櫃檯、地板）、甚至是家電用品的靈感。我查看油漆塗片和織物樣本、軟硬的材質，收集一些樣品在板子上排列。我對許多風格都有興趣，讓這一開始有些讓人頭大。於是我決定跳過「我喜歡什麼？」這個問題，把一些圖像和物品的構想，按照

「每個房間我想要什麼感覺？」和「在這個特定區域我想要怎麼生活？」來歸類。

結果它對我的房子策展大有幫助。我的品味偏好不只是由我最喜歡什麼東西而定，而是它們如何對應我最想要的氣氛。舉例來說，在臥室裡，我想要平靜而溫暖的感受。在起居室，我選擇顏色大膽、個性強烈的家具，因為這裡是人們聚在一起談天說地的空間。在廚房，我想要潔淨的線條、大量的燈光，以及寬敞的座位，最重要的是空間機能和易於維護。我努力將我的個人偏好，規劃出清楚可行的選購標準，讓這個過程變得愉快，而結果也很美好。

奧特加設計我的房子之前，曾經改裝過我的辦公室。當時我任職於LVMH集團，儘管我有著「董事」的高檔頭銜，我還是希望辦公空間保有我自己的感覺（兼容並蓄、友善），而不是像我的名片（正式、僵硬）。我個人為辦公室購買的許多小物件，最後都回到我家中的辦公室。而且，對當時的我而言（現在依然如此），重要的是，要在職場女性形象和家庭生活形象之間達成和諧。

整修我的房子時，奧特加教導我一個方法，就是把它當成是拍電影；我們要和電影製片問相同的問題。先問誰是房間裡的主角或敘事者。我認為這是對策展很有幫助的技巧，因為它能避免你把房間（或是事業、產品）塞進太多的男女主角。奧特加說：「當你的房間裡有太多物件當敘事者，這就像一部戲裡面有五個主角同時間在說話，互相爭搶注意力。」「一旦你決定了房間的主角，而且只能有一個主角，所有其他的都可以圍繞著它做決定。」在我的起居室，敘事者是一隻填充的孔雀，由它來說明配色甚至是擺設。奧特加提到：「每當我們遇到兩難抉擇，要選這個毯子還是那個毯子，這種布料還是另一種，我們會回到孔雀身上，查看顏色，就容易決定了。」

高明的策展需要選擇和排定優先順序。如果房間裡的每個物品和特色的強度與視覺重要性都相同，就沒有一樣東西會特別突出，觀看的人也會難以負荷、困惑、導致覺得不受歡迎。這就如艾恩嘉的研究，如果雜貨店提供的選項太多或是太少，消費者就根本不想自找麻煩。

好的策展是選出正確的東西的正確組合。以室內設計而言，這可以透過新與舊、或是正經八百與滑稽突梯的搭配來達成。只要你製造出可喘息的空間，這類的並置組合，不只是創造驚喜，也有助於建立舒適感。把新與舊不準確而無拘束地置放在一起，這是日文所謂的「侘寂」之美。「寶琳帶來一組鑲嵌著祖母綠的中式古典沙發，她想放在房子裡使用，這並不是我會做的選擇，」奧特加說的這套家具是我在拍賣會買下的，我非常喜愛它，那表達了我對歷史、環遊世界，以及藝術工匠的熱愛。「我們找出了合適的辦法，設法讓它在起居室既能展現它的美，也不致於搶了房間主要敘事者的風頭。它們成了整個屋子巧妙交織的印度支那風格的一部分。」

當你策展一個房間或一整棟住家時，要注意在第三章討論過的個人標誌符碼。同樣地，太多的符碼可能讓一個空間有不堪負荷的風險。我在設計新房子時選擇了幾個符碼：自然、鳥類、新與舊的對立、以及古怪調皮。

你可以說，這個房子的計畫成了我美學的「健身房」。這場練習讓我建構了個人美學的強度、靈活性、和活力。現在當我走入新空間或是看新產品，我的意識更能夠和設計者的選擇（以及這些選擇背後的意圖）達成調和。即使它的美學和我不同，我依然可以清晰闡述為何某個東西能發揮效應、某個東西則否。我個人住家空間的策展原則，與我在事業上設計美學策略的原則是一樣的。就算你是個財務長，在工作上不需要負責創意事務，學習和操作策展過程也可以幫助你找到最好的創意人才，並了解如何和他們共事。它也有助於清楚闡述你的美學策略，讓和你合作的創意人才，可以演繹傳達你的願景。

美學練習：情緒板

如我稍早建議，情緒板是展開策展過程的實用工具。它是用圖像、材料、質地、文本、以及其他視覺線索的安排，試圖去捕捉風格、概念、或感受，並為某個特定計畫或理念設定創意方向。情緒板能達到三種作用：（一）迫使你做出選擇和取捨，特別是決定哪些元素應該納入情緒板，同樣重要的是，有哪些應該捨去；（二）思考和實驗情緒板上的元素如何安排相對位置，也就是決定各部分如何拼湊在一起，形成連貫而具說服力的故事；（三）提供一個平台，將視覺與其他元素連結到你意圖營造的感覺。

策展的第一步，是收集圖像、文字、質地和材料形式，從中尋找概念和靈感。它提供我們所喜愛的事物的真實圖像，也讓我們理解這些成分彼此如何相互作用、創造出敘事或訊息。第二步是編輯，這通常會具有挑戰性；因為你要決定哪些物件應該保留，哪些應予刪去。第三步則是安排：在整體背景脈絡下，每個物件相對於其他元素應如何安排？

情緒板的力量不只在你個別選擇的圖像，而是如何把它們安排在一起。不要依賴圖庫的照片或圖像；你可以使用舊照片，查看其中的材質質地（金屬鍊的幾個環節或是一小塊劍麻、一小片油漆、一小塊石頭等等）。不要拘泥圖像的一致性；你可以發掘出對比和維度。互相對立的事物如何彼此作用？一旦你開始把一個東西放在另一個東西旁邊，就可能會了解，它需要更進一步的編輯。有一些選項被排除，而許多想法要重新修改和精煉。情緒板要發揮功能，必須有深思熟慮的編輯和有意義的並置，讓它說個好故事，傳達清晰的訊息，釋放強烈的情感。

情緒板的使用原則

以下是我在課堂上針對哈佛學生建構自己的情緒板時，提供的一些指導原則：

一、選出中心的主題或物件，確保最顯著的元素受到凸顯，視覺元素的形狀與安排也有助於述說一個故事。

二、把自己當成策展人。納入真正感動你的東西，並捕捉你試圖傳遞的情緒和主題。

三、拍照下來，但是要找出數位照片之外的靈感。在可能的情況下運用觸感：例如小布片和展現質感的小物件（比如一根生鏽的釘子、平滑的塑膠片）。

四、在圖像或物品旁邊，選擇性地加入有意義的文字和／或語句。

五、根據情緒板打造一個「敘事」，就像你打算發表演說或是說故事。注意布局和形式。

六、以引發情緒反應為目的。測試你的情緒板，看看受測對象是否能跟你看到與感覺的相同。

七、好好享受這個過程，讓情緒板以有機，和非預期的方式演進。

推動創意的產出和策展，其中的關鍵技能就是清楚闡述。這裡指的是，你能夠清楚俐落地傳達你要策展的東西，並解釋其原因。作為一個企業家，如何傳達你的美學策略給顧客、同事、以及其他相關成員？不只要有力而準確地傳達，更重要的是，你的傳達方式必須讓其他人（團隊成員、銷售員等等）能夠理解、複製，並進一步鞏固你的策略。這就是我們接下來要討論的主題。

8 清晰闡述
——用文字表達藝術性——

假設你有一項產品，它牽動了多重的感官，它的設計良好，並且具備目的性和相關性。這是一個很棒的產品，符合我目前為止列舉的美學標準：有強烈的符碼、啟動多重的感官、藝術性的策展，它不是被動地擺在架子上等著被人發現。你的顧客和工作人員（團隊成員、經銷商）必須很快速，而且毫無阻礙地觀察、感受、體驗、並理解你的符碼與其他溝通形式，直覺地掌握它們的優點和價值，並且熱切地把錢花在它們身上。這一切都是透過清晰闡述來達成。清晰闡述是驅使他人吸收與接受的關鍵技巧，它讓我們能夠透過文字、敘事和／或其他溝通形式，清晰而俐落地傳達產品及其好處的美學策略和理念。闡述是藉由視覺印象來完成，但也要透過行銷與訊息傳送；它們各自都有一套美學。

如我在本書多次提到的，好的設計是任何產品或服務成功的關鍵。不過，「概念簡介」（conceptual brief），這一個最常為人使用的闡述形式，和產品或服務本身有相同的重要性。這份簡介就是說明的指南，讓文案寫手、視覺藝術家、設計師、販售店家等等，能根據它發想和製作與產品策展相關的創意工作。它定義了目標消費者的面貌，並提供觸及他們的藍圖。創意簡介應該讓所有的參與者都能了解。公司內部工作人員知道如何使用它，消費者也應該喜歡簡介裡的樣貌。它是一份以「面向外部」為目的的「公司內部」指南。

這樣的簡介資料可以由公司的創意與美術部門來製作，不過很多時候，某些實際上應該由主管領導（最理想的是執行長親自負責）的過程，也交到他們手上。好的公司領導者會投注精力、並且精熟於創意方向，就如同他們在分析、財務，以及公司營運的投入一樣。人們稱譽史蒂夫·賈伯斯對蘋果美學與設計的關心程度，就如同他對蘋果功能性和銷售策略一樣，不過他親力親為的作風仍被認為是特例。如同我主張的，如今要把「企業思維」和「創意思維」分開是愈來愈不可行了。也因此，我建議每個專業人士，不只是「創意工作者」，都要針對自家產品的美學策略做一份簡介。本章我們將考察簡介的構成元素，並透過案例深入研究領導者如何結合美學的事業與獲利的事業。

檢視文字選擇的三個標準

美學的闡述，第一要務要做到的是明確。對於傳達目的、賦予產品意義，以及引發強烈而正面的情緒，清晰的美學闡述扮演著關鍵作用。它也讓你的團隊能夠準確地理解、複製、鞏固，並且執行你的願景。明確不只是確保表達的準確，同時也打造與你的產品或服務，更獨特、有力，而且難忘的聯想。為了這個目的，用來描述你的品牌或產品的文字，有著無上的重要性。含糊不清是不可接受的。舉例來說，像是「美好的」（nice）、「美味的」（tasty）、「柔軟的」（soft）這類文字是一般的形容詞，相對之下，「婉轉動聽的」（lilting）、「鹹味重的」（salty）、「膠狀的」（gelatinous）則有清楚而明確的訊息。你所選擇的字詞必須能召喚出使用你的產品（或服務）的體驗。

提姆．洛馬斯（Tim Lomas）是東倫敦大學正向心理學與跨文化詞彙學的專家。他指出，許多語言傳達特定情緒體驗的字詞，在英語裡沒有相對應的字詞，[1]因此學習這些字詞，有助於增加我們對人的體驗微妙差異的理解。果真如此的話，那麼學習用新的方式描述人的體驗，能讓我們更準確標示這些體驗，並把它們連結到我們的產品。[2]

洛馬斯第一次學到芬蘭語的*sisu*，意思是面對危難時的非凡決心；然而英語裡的用字像是「膽氣」（grit）、「堅毅」（perseverance）、或「毅力」（resilience），都不能完全表現芬蘭人使用*sisu*這個詞的時候，那種內在的深刻力量。[3]這讓他起心動念尋找那些沒有英語對應的字詞。洛馬斯的這張字彙表[4]內，還包括*tarab*（阿拉伯語），一種由音樂所引發的狂喜狀態；*yuan bei*「圓備」（中文），一種完美無缺的成就感；*sukha*（梵語），與個人境遇無關的永久快樂；以及*Sehnsucht*（德語），對其他存有狀態的強烈渴望，即便它們不可能達成。洛馬斯的網站上，還列出了許多無法翻譯的字，有些甚至比我上面舉例的還更有存在感。這些字詞都描述準確的狀況，有助於我們想要闡述的感受，並連接到我們所創造的事物。

檢查你使用的每個字詞（或是句子），回答以下的問題來判斷你的選擇是否正確。

問題①：描述產品的方式，是否能讓別人想到和你相同的意象？

它是否準確？舉例來說，Burberry鮮明的布料風格並不叫作「格子花呢」（plaid），它的褐色、黑色、紅色格子呢名為「乾草市場方格花呢」（Haymarket check）。肯德基速食並不是用「美味」形容它的炸雞，而是「吮指美味」。不只如此，肯德基最早代表的不是美國南方，而是「肯塔基州」的炸雞。為什麼這一點很重要？因為創辦人哈蘭德．桑德斯（Harland Sanders）要與所有南方的競爭對手有所區隔。在當時，來自肯塔基州的產品有外地風情，召喚出南方人的待客之道，透露著獨特的老家風格。

問題②：這些字詞是否「可以被擁有」？

換句話說，它們是否馬上、而且唯一連結到你的產品？舉例來說，你一聽到「地球上最快樂之處」（The Happiest Place on Earth），你就想到迪士尼樂園。當你看到廣告詞"Just do it"，你就想到耐吉。同樣適用的，還有麥斯威爾咖啡的「滴滴香濃，意猶未盡」（Good to the last drop）。比「擁有」一個表達方式更強大的，是擁有一個詞。ＩＢＭ電腦過去曾擁有的字是*THINK*。如今Google擁有了「搜尋」這個詞。仔細的字詞選擇，也可以激發個別產品的吸引力（以及它的銷售）。舉例來說，麥當勞賣的並不只是傳統的漢堡和早餐三明治；它賣的是大麥克和滿福堡。同樣地，班傑利的冰淇淋口味用的不是概括的描述，像是巧克力、香草、和草莓，而是「可以擁有的」口味，像是櫻桃賈西亞、矮胖猴子、咖啡太妃棒。在化妝品業，納斯化妝品銷售最好的粉桃紅色腮紅名叫「性高潮」（Orgasm）。這個產品從一九九九年一推出就立刻熱賣。我敢說，顧客愛上這個名字的程度不亞於它的顏色。湯姆・福特（Tom Ford）最新的香水不只是神奇，它就叫「要命的神奇」（Fucking Fabulous）。[5]二五〇毫升售價八〇四美元，它大為暢銷。世界上哪個女人不想被自己的情人這樣看待？

要選定正確的字眼，你必須要理解你的目標顧客。他們接觸你的產品之前是什麼感覺？關於你的產品以及可能提供的好處，他們會述說什麼樣的故事？你要描述你的產品希望提供的情緒體驗是什麼，消費者與你的產品互動時有什麼樣的感覺，以及你希望他們記住什麼。

問題③：你使用的字眼，對於你提供的體驗是主要用詞還是非主要用詞？

我的學生在草擬報告的時候，常常是窮盡了各種描述的字句把紙頁填滿，但只有少部分吸引我的注目。（請記住我得給上百份的報告打分數，額外的工作特別叫人惱怒。）任一創意簡報（先不提學生的報告了）上頭的每個字都重要。美學的闡述不只是準確的溝通，也是強有力、吸引人、令人難忘的表達。陳腔濫調、樣板文章、官腔官調的制式化說詞，無助於你進一步申論你的主張。

舉例來說，大部分有線電視公司的溝通是出名的糟糕，無法帶給顧客正面感受。比如Xfinity網站，你會看到它依據MbPS[13]下載、旗下頻道數目，以及訂閱價格，列出鉅細靡遺、但是內容敷衍的訂購方案。它的網站充斥著各種資料，但是完全看不出特色與個性。這家公司似乎把消費者當成技術服務的購買者，而不是尋找娛樂的人。不令人意外地，它的母公司康卡斯特（Comcast），長期以來在美國所有公司和政府機構中，顧客滿意度向來排名很低。二○一四年，它被《消費主義者》（*The Consumerist*）（如今已經關站）列為「全美國最糟的公司」。[6]二○一六年，康卡斯特被控向客戶收取包括未訂用服務、機上盒，以及數位錄影機等額外收費，在聯邦法院調查下付出了二三○萬美元的罰款。[7]二○一七年，《J. D. Power》和財金新聞網站《華爾街24／7》[8]也把康卡斯特列名為全美國最差的公司。

13 兆比特每秒，網路傳輸速度單位。

問題④：你的文字是否能配合產品和公司所設定的調性？

這些文字是否強化產品的特性和美學，也強化了公司的價值？想想看保冷製造商Yeti的公司主題歌：「對不安於室而意志堅定的人而言，『無處』是種精神狀態，驅動人們去找尋共享的時間、單純的愉悅、以及個人的追求，不管是海拔一萬五千呎的高空或是探照燈的千里之外。在那裡，你與其他不馴的靈魂同在，他們把真理投注在邁進額外的一哩路。因為他們和你一樣，只要有心，就沒有地方是遙不可及。」[9]這些文字強化了：這家公司製造的產品是可以每天使用，經久耐用，可以抵禦攻擊和嚴酷的天候狀況，而且是專供體能和心胸強韌寬廣的人所用。這種調性符合了產品的美學意圖。

敘事，營造你的存在感

敘事超越了個別字詞句子，涵蓋了故事、歷史、公司傳奇（和神話）、創辦的原則、存在的理由，以及方向和說明。如今大部分的公司或產品，在自家網站都有「關於我們」的欄目。人們想要知道打交道的對象是誰。對於蒂芙尼或香奈兒這類有強大而長期傳承的公司來說，公司的歷史和傳奇，是敘事的重要部分，能夠建立公司信譽、傳遞資訊給下一代，因為他們對於公司的傳承，已經不如他們母親或祖母那般的熟悉。

相關性對於知名品牌也很關鍵，也因此蒂芙尼在網站上有一個欄目，專門討論永續發展和具備企業責任的採礦作業。[10]不管你是否接受它們對永續的努力，蒂芙尼已經展現了對於鑽石採礦和相關議題的敏銳度。相較之下，西爾斯／Kmart這類公司有著風光的歷史傳承，卻無法把相關性傳達給它的顧客。當西爾斯百貨和Kmart完全消失時，有誰真正懷念它們，或對它們久久不忘？如果你無法證明為何你的產品或公司必須存在，你就註定要消失。而且你的離開也沒什麼人會注意或在乎。

對於那些較年輕的公司來說，特別是在發展成熟的產業裡，具說服力的敘述應該重新設定消費者想買的是什麼，並且創造出原本不存在的需求。要做到這一點，敘述裡要強調和既有產品之間的關鍵差異、更加優越的價值，以及無可取代的優點。當然，我們會對新公司的新奇、有趣，或是精緻的科技或風格所吸引，這是他們「新」的特質帶來的愉悅。就這方面來說，新可以代表一種優勢（新而令人興奮），而不是一個負面特質（新而未經過考驗）。

牙刷新創公司Quip在「關於我們」的說明文字裡，提到公司的創立理念：「配合牙醫師建議，我們優先關注你的牙齒；從不停止改進我們的產品和減少對環境的衝擊；努力做到全年全天候無休成為你口腔健康一步到位的解答。」[11]這家公司的背景故事，強化了這些承諾。它的創立靈感，源自於紐約社區的一家牙醫診所，牙醫師建議病患（也就是後來Quip的共同創辦人）使用「價格最便宜的電動牙刷」，來對付一般常見的刷牙太過用力造成牙齒損害。接下來他們發現，多年來牙刷的「創新」，並沒有真正改善刷牙的體驗或是結果（牙齒健康），反倒是忽略了真正的問題：刷牙太過用力、刷牙時間太短、沒有每天刷牙兩次、以及牙刷沒有經常定期更換。Quip認為，透過文字以及產品設計讓刷牙更簡單，它可以用獨特的方式，解決病患和牙醫師常見的問題。

「蘇亞果汁」（Suja Juice），這個有機果汁的新品牌也運用了強大的敘事做為設計工具。[12]推動這個產品的背後理念，是有機果汁價格要合理，在一般雜貨店就買得到，而不是只限於炫麗的果汁吧販賣的奢侈品。「蘇亞果汁」運用了活力充沛的字體、七彩的顯眼配色，以及易於閱讀的標籤，讓它的產品容易辨識，而且對於更廣大的顧客，也就是購買經驗或經濟水準上遠離有機果汁的人，更具有相關性。

想像它的圖像

外觀很重要，尤其是當消費者首次接觸你的產品，往往是透過電腦螢幕縮圖的時候（問問我的出版商就知道。）如今的情況更是如此，你必須能夠強化與複製圖像，以及你選擇美化產品的包裝，不管它的形式是插圖和照片、商標、包裝，或是實體或數位的行銷材料，這些都要和產品本身調和。文字和圖像、色調和質感、氣氛和人格特性，它們都必須毫無縫隙的相互配合。

你選擇的圖像是否反映你公司的性格和使命？視覺的線索和意象是否展現原創性、感覺真誠，人們從中可以對品牌有什麼樣的期待？所有的視覺資訊，要能讓你的目標族群有共鳴。如果趣味是與你的品牌相關的關鍵情緒，你的圖像是否傳達這樣的情緒？使用的顏色是否和趣味感相關聯？包裝是否強化了趣味感？維珍集團（Virgin）是個好例子。這個公司手寫簽名般的商標，像是創辦人理查・布蘭森（Richard Branson）在餐巾紙上的隨意塗寫。它前衛、驚世駭俗，很像布蘭森本人大膽、厚顏、而且有趣的人格特性。尼可兒童電視頻道（Nickelodeon）也很有趣，這要歸功於它那氣球般的字體，過去這些字是安排在一攤飛濺的橘色油墨上。橘色本身就代表有趣，加上了字型，就讓它真正活了起來。

圖像和視覺線索也應該有一致性，好讓它們和你選的字詞一樣可被擁有、有可辨識的品牌關聯性。它們也應該遍及每個顧客的接觸點，包括了網站、廣告、店內擺設、社群網站貼文等等。

好包裝的三個原則

包裝設計對消費者也有立即的視覺衝擊，而且是個多重感官的體驗。一個稱為「神經設計」（neurodesign）的新興研究領域，嘗試理解如何應用大腦運作的知識，讓包裝顯得與眾不同、有助於品牌的忠誠度，以及誘發消費者某些特定行為和感受。[13]

一些在美學上令人愉悅的產品，它的包裝容器本身就具備產品以外的美感，讓消費者想要保存、重複使用、或是展示。過去，這些包裝可能只適用於香水瓶或酒瓶等少數品項，不過如今包括玻璃蠟燭台、化妝品盒，甚至罐裝番茄等等都可能在範圍之內。當產品使用殆盡，就能把包裝容器挪為他用，用來存放東西或是展示。舉例來說，維吉尼亞州的活動公關企畫娜塔莎・勞勒（Natasha Lawler）訂購了義大利的拿波里・比安科（Bianco DiNapoli）的番茄，為的是用它設計良好而魅力獨具的罐子來當花瓶。[14]

包裝必須述說一個故事，而且速度要夠快；因為給消費者的第一印象很重要。它必須引出消費者正面的情緒反應。除此之外，如果其他許多公司也賣相同的產品，你在架上的位置和吸引力就必須與它們互相競爭。有效的包裝有助於傳達產品的優點、價值，並在眾多競爭者的市場中做出區隔。最重要的是，它可以導引和強化重要的情緒。

顏色在包裝設計中具有關鍵地位。根據研究，對產品的快速判斷有將近九〇％是根據顏色。大約有八〇％的消費者相信顏色會增加品牌的辨識度。[15]某些顏色例如黑色，會帶來戲劇性，它被香奈兒和古馳等時尚品牌充分應用。藍色代表可靠，美國運通（American Express）和福特汽車做了有效運用。綠色是「天然」和青春，我們在星巴克咖啡和全食超市得到很好的例證。好的包裝還有其他的原則，讓我接著說明。

（一）考慮到消費者（把他當成一個人，而不只是一個購買者）

當你思考如何透過包裝來闡述你的產品美學，先考慮取得這個物件的體驗。消費者取得產品時需要做什麼？你**想要**他們做什麼？如果它是個奢侈品，例如香水或珠寶，你可能想要延長打開裡頭寶貴物品的體驗。你可以使用高級紙板和包裝紙來製造美麗的盒子，但你可能也想用第二層的盒子或棉紙來增加更多的包裝，這會增加打開物品的喜悅和期待，將它變成儀式化的行為。如果是實用的物品，例如一部電腦或一支扳手，你可能希望盡量減少包裝以節省消費者的時間，讓他們不須費太大功夫就拿到產品。每一項的選擇，都在強化你所提供產品的概念；藉著指示如何開啟包裝，也是塑造顧客的體驗。舉例來說，汽水製造商早就可以使用實用、容易開啟的包裝來取代瓶蓋。但是，開瓶已經成了喝冒泡冷飲的一部分儀式；當你壓下瓶蓋時響亮噴氣的聲音、氣泡釋放在你鼻間的刺癢感受，都屬於這個產品的「整體包裝」之一。

無挫包裝（frustration-free packaging）變得愈來愈重要了。如果打開包裝的過程，既不有趣又不容易，無法達到你想引發的消費者情緒，那就是該重新思考包裝美學的時候了。開箱應該是快速又容易，或者它是一種程序，就必須愉快有趣。二〇一八年九月，亞馬遜發信給了它數以千計的賣家，提到減少包裝浪費和提升效率的新規定；他們接到指示，必須更換成不需要運送準備或使用額外亞馬遜紙箱的包裝方式。[16]網上購物的流行，以及消費者對環境永續的重視，迫使許多公司徹底地重新思考他們的包裝。寶鹼公司的「汰漬」洗衣劑開發了一個名為「汰漬環保盒」的厚紙盒，它比原本一五〇盎司的塑膠瓶輕了四磅，但是可以清洗相同的洗衣量。這種環保盒不需要另外裝箱運送，而是可以把寄送地址直接貼在郵遞的產品上。[17]

相反地，那些令人挫折且違反同理心的設計，包括了小而難以辨認的印刷文字、令人眼花的雜亂設計、浪費且不必要的材料、無助於產品愉悅感受的過度包裝、以及太過剛性的包裝，需要剪刀或美工刀這類工具，或是得要費力拉扯，這些問題可能讓五〇%的購買者打消意願。

（二）讓你的包裝有相關性

你的包裝應該體現你的產品所代表的意義。如果你賣的是對環境友善的洗碗劑，你最好確認它是裝在可生物分解的瓶子中，或至少它是可回收或可重複使用的。製造對環境無害的居家與個人保養產品「代代淨」（Seventh Generation），如今它的「天然洗碗劑」使用的瓶蓋，是百分之百使用後可回收（postconsumer recycled，簡稱ＰＣＲ）的聚丙烯。這些瓶蓋主要來自回收的塑膠衣架。代代淨的執行長喬伊．柏格斯坦（Joey Bergstein）說，公司的目標是在二〇二〇年之前完全不使用新塑料（virgin plastic），其中瓶蓋尤其具挑戰性，因此崔克布朗（TricoBraun）研製出的新「環保」瓶蓋乃是一項重大突破。[18]

如果你賣的是玩具或裝置、娛樂產品、甚至許多食品和飲料產品，你有機會透過包裝來傳達你的產品好玩有趣的特質。如果你賣的是醫藥用品或工具，包裝應該直截了當並傳達物件的嚴肅性。不論如何，這並不代表它無法有高度的美學吸引力。

萊特工具公司（Wright Tool Company）[19]是創立於一九二七年的美國老牌工具製造商，它使用極簡的方式來包裝手動工具，讓購買者可以檢查它們的品質。明亮的紅色包裝，讓它在居家裝修商店裡的眾多品牌中格外突出；右方的美國國旗圖案，立刻傳達出它們不是廉價的外國貨，而公司名稱旁邊的W商標又強化了品牌的辨識度。

功能性食品製造商Soylent[20]運用的字體、文字（「解放你的身體」），以及包裝，都代表著醫療和醫學專業品質，兼具簡約的現代感；這正是它的高科技代餐產品想要傳遞的訊息。

（三）確認你的包裝與各種感官交互作用

研究顯示，當包裝的設計與一種以上的感官互動時，品牌對消費者的影響力會增加三〇%。[21]任何能鼓勵消費者從架子上取下產品的設計都是加分。這也代表我們對圖案和質感不該掉以輕心。如果包裝具有觸感，人們往往會受到引誘把它拿下來把玩一番。舉凡凸起、3D效果、包裝的質感（平滑的、波紋的、有稜線的、粗糙的等等）、不尋常的形狀、以及重量（手感），都會增加產品的魅力，提升人們對它的興趣。[22]當有人拿起產品查看，距離把它賣出去已經成功了一半。[23]

酒類製造商長久以來就以有趣而具觸感的酒瓶而知名。在二〇一六年，摩根船長（Captain Morgan）推出了南瓜風味蘭姆酒的當季酒瓶，它不只模仿南瓜的顏色，甚至模仿了它的造型和觸感。它的萬聖節限量版，南瓜風味蘭姆酒的瓶身外觀，從橘色收縮膜包裝到質感粗糙如南瓜梗的瓶蓋，都像一顆真的南瓜。

如今酒類存放在螺旋蓋酒瓶或是軟木塞酒瓶內都可以保存良好。不過大部分的酒類愛好者，對於打開軟木塞瓶蓋（以及隨著軟木塞拔除時氣體釋出令人滿意的聲音）的感官效果，遠比轉開金屬瓶蓋更強烈。軟木塞營造了期待，更增加了體驗；許多人還會留下軟木塞作為特殊場合的回憶，或是加以收集，甚至用它做成別的東西（隔熱墊板或是花環），這又是一件物品完成主要功能後能繼續享用的例子。我無法想像，有人會想留下酒瓶的螺旋瓶蓋，不管當時是如何盛重的場合。

義大利麵醬的製造商法蘭西斯科．雷納迪（Francesco Rinaldi），在包裝上增加了擴增實境的科技。它的APP讓消費者從架上拿起罐子掃描之後，可以直接從品牌吉祥物雷納迪太太口中聽到這個產品的故事。「透過擴增實境，我們期待並且專注於科技，同時也忠於我們的傳統義大利麵醬配方和義大利文化，」品牌擁有者李德斯特利食品與飲料公司（LiDestri Food and Drink）的創意與品牌總監瑪麗．德馬可（Mary DeMarco）說：「這個APP讓我們透過創新和對傳統的一點點破壞，觸及新一代的義大利麵醬愛好者。」[24]未來你還會看到更多公司擁抱這類的科技，這讓消費者與產品的故事發生即時的互動。

闡述的基本要素

優點：哪些人最喜歡購買、體驗，和使用你的產品或服務？

脈絡：目前在感官上或情感上，消費者從你的產品或服務獲得的體驗是什麼？

目標：你希望讓消費者體驗到什麼？

對象：消費者的夢想和期望是什麼？

衡量標準：如果有其他公司，它們用什麼手法傳達那些期望？

競爭：和你有直接競爭關係的產品或服務，它們引發的是什麼樣的情緒？

價值：你如何形容你的公司文化？它是否能連結到你對於產品或服務的目標或期望？

闡述美妝產品

美妝美容產品往往站在設計和包裝的最前線。畢竟，化妝品、保濕品、睫毛膏的競爭激烈，而且產品成分和配方通常不是任何一個品牌的專利。要吸引商店採購、美妝編輯，以及消費者的注意，就必須在產品和包裝上推陳出新。產品的清晰闡述尤其重要，因為美妝消費者往往具有忠誠度；當他們發現某個東西有效，就不容易去嘗試不保證有效果的新東西。雖然也有不少消費者（主要是年輕消費者）會像換T恤一樣，經常變換美妝產品，但是長期的忠實顧客才會給化妝品公司創造最大的價值。

並不是說這些大公司不願意嘗試新東西；我們永遠想要更有效、聞起來更舒服、感覺更愉悅的東西。問題是，如果我們想要新產品，它必須重新保證這樣的投資是值得的。有些品牌透過抽樣調查和店內實測來達成。其他品牌會用其他資產來吸引注意和信賴，例如高品質的特色和原料（像是：用皮革取代塑膠、用水晶取代玻璃、用黃銅取代合金）、櫃台服務人員的打扮和風格、以及店頭陳列的乾淨、整潔、和一致。

以護膚品牌「肌膚哲理」為例，它進入市場出乎預期，而它的成功也讓業界意想不到。

它要找尋的消費者，並不是熱衷化妝的愛美人士、或是典型美妝品公司的目標市場。克莉絲提娜．卡利諾在一九九六年創辦這個品牌，之前她已開發成功的化妝品牌BioMedic，透過醫師和整形外科的管道銷售。她說：「創辦肌膚哲理時，我認識的廣大女性基本上都被排除在美妝市場之外。我想創造一個和她們對話的品牌，談論她們所關心的一切事物，除了美。」[25]

「肌膚哲理傳達的幾乎都是反對美。我真的不喜歡當時跟消費者推銷的那種美的定義。為什麼女性一定要靠化妝？為什麼沒有化妝品我們就不能閃耀動人？為什麼我們不能聞起來潔淨、看起來清新？我從這些本能來挑戰這個產業，我只是希望可以感覺更好，而且我知道有很多女性也這麼想。因此肌膚哲理成了一個關於更好感覺的品牌。」卡利諾如此說。她突如其來的靈感，出現在一九九〇年代中期某次聖誕節的「孤獨散步」。附帶一提，創新者談論想法如何形成時，類似經驗的描述並不算罕見。一旦去除令人分心的事物，觀察的結果可以沉澱、變成更大的概念，卡利諾步行穿過廣大的亞利桑那沙漠情況就是如此。

她說：「我當時三十歲出頭，個人事業和情感都不如意。我發現自己孑然一身，於是出去散步；彩虹出現了，它成了一場精神的體驗。我甚至不確定是否該創立這個品牌，但是我有著強烈的感受。我的腦海裡很清楚地有著文字，它們成了產品的名稱，沿用到現在；例如『驚奇優雅』（Amazing Grace）、『希望』（Hope in a Jar）、還有『純淨』（Purity）。這些概念不只是對我，對許多女性也是意義重大。」

「驚奇優雅」成了一款淡香水，同時也是當今的經典香水；「希望」是一款保濕霜，而「純淨」則是熱賣的洗面乳。開發產品並不是最困難的部分，因為卡利諾在調配乳霜、香水、和清潔液方面是經驗豐富的鍊金師。不過在創造這套新型的美妝產品上，她找到過去常被傳統美妝公司忽略的女性顧客。當較具包容性的絲芙蘭（Sephora）和艾爾塔（Ulta Beauty）美妝店開始出售新一代針對小眾和「獨立」的品牌，肌膚哲理在這波風潮中算是開了先河。

創立肌膚哲理，是卡利諾根據強烈使命感以及必要性，做出的一連串決定。她並沒有太多的預算，因為她是自力開發這個新產品線。它的包裝現在看來可能很熟悉，因為它被眾人模仿，不過在一九九六年當時是革命性的。她選擇了簡單、幾乎像臨床用藥的容器。顏色的使用（或者不用顏色）也是一個重點。瓶罐是黑色、白色、或是透明的。產品則是乳黃色、粉紅、或綠色。而她也用了文字，許多的文字在這些瓶罐上。這在主流的美妝產品產業幾乎前所未聞。她不只為產品取了啟發性靈的名稱，每個瓶罐上也都可以找到鼓舞人心，甚至屬靈的文字。

卡利諾選用的字體，以及使用小寫字體的奇特堅持也是出人意表。她說：「我寫字都用小寫，我打字也都用小寫。我喜歡它的樣子。我從來都不喜歡大寫字母。」在行銷宣傳上，她使用了發黃的家族老照片作為行銷和品牌形象。她解釋說：「當你沒有太大的預算，你必須利用手邊有的東西。我有一盒老照片，而我看到的第一張是我的妹妹在地板上玩一本著色書。於是，它對化妝產品正是絕配。」「我同時也想到，黑白照片在美妝的語彙裡可以做出有趣的事。它比較不會製造對立。而且這些照片裡，有許多你看不到臉孔，所以在當時我已經考慮到，不要為產品設定特定的種族或性別，它是兼容並蓄的。」

肌膚哲理的闡述挑戰了美和文化的規範，如此一來，它吸引了過去自認被美妝產業排斥的女性，對於非傳統的美貌，她們也希望能自我感覺良好。「我希望那些不抱希望的女性知道，在美容的舞台上也有她們的位置；一座不被一九九六年的產業所理解的孤島。」

透明也是一個關鍵要素。卡利諾說：「你可以說它是真相、或是透明度。不過我們想讓消費者知道，我們會為她們努力。我們要告訴她們產品裡頭是什麼，以及我們認為產品能為她們做到什麼、或無法做到什麼。」

闡述用餐體驗

在紐約市的素食餐廳尼克斯（Nix）（目前已歇業），客人可以坐在餐廳前方，靠牆的一排鐵路風格的雙人座位，也可選擇坐在餐廳後方獨立式的靛藍色楓木長桌。軟木襯條、綠色盆栽、以及北歐風格白漆牆壁，即使在紐約冷颼颼的寒冬，也能感受一絲夏日的韻味，而這是經過設計的。曾經擔任康泰納仕（Conde Nast）編輯主任，掌管旗下《時尚》（*Vogue*）、《魅力》（*Glamour*）、《GQ》等時尚雜誌的詹姆士．楚門（James Truman），是這家餐廳空間與設計理念的主要構思者，餐廳的樣貌精湛地闡述別緻又健康的美學，既溫暖好客、又有都會區的酷勁。

在餐廳開幕之前，楚門和素食料理先驅、主廚約翰．佛萊瑟（John Fraser），建築師伊莉莎白．羅伯茲（Elizabeth Roberts），她以結合當代美學和傳統設計元素知名，三個人花了好幾個月的時間一起思考。沒有任何東西能逃過他們的眼睛；小至廁所磁磚灌漿的顏色，服務人員圍裙的剪裁和尺寸這些細節，都要仔細檢查。楚門說：「身為一個編輯，對於設計我比較不從純美學的角度，而是從故事的角度來思考；整體的故事是什麼，接著再思考透過設計來建構和強化這個故事。」

「我們一開始討論的話題，是如何扭轉人們對素食者／素食餐廳的觀感，改變它有點乏味、無趣，不會想在這裡約會或是辦派對的既有想法。除了缺乏前例，人們並沒有理由可解釋素食餐廳一定是這樣。從邏輯上來看，這其實很不合理：為什麼不需要殺害任何動物的餐廳，感覺死氣沉沉像辦喪事，反倒牛排館充滿喜慶？這一切毫無道理。」

他也不希望餐廳走向他所謂的「布魯克林模式」，也就是採用未加工的原木牆壁和地板，一大堆十九世紀鄉村風味內裝，以及彷彿從老西部電影裡跳出來的服務生制服。

「過去這是表達真誠、非都會的『從農場到餐桌』價值宣示；但是它變得太尋常之後，很快就像是嬉皮的故作姿態，」他說：「同時，創新料理的模式從北歐傳來，在空間設計上也是以天然材料為特色，不過它更加深思熟慮、更是從建築上來考量。」有趣的是，楚門指出這套思路與當代的日本設計有一些共通的價值觀。他相信這將是未來幾年，特別是小型餐廳設計美學的主要趨勢。「至於大型的餐廳，仍會以法式酒館和拉斯維加斯為設計理念。」

佛萊瑟是在一九七〇年代的加州長大，那也是新一波素食主義熱潮孕生的地方，因此加州也成了尼克斯餐廳最初一個重要的參考點。建築師兼設計師的伊莉莎白・羅伯茲也是來自加州，因此不需特別把它當成策略，加州就已經是尼克斯故事的一個重要部分。楚門說：「從容不迫的生活方式、以及消除『居家休閒』和『正式場合』之間的落差是個重點。對我而言，最好的餐廳入口，是爬樓梯走進柏克萊的帕尼斯餐廳（Chez Panisse）。走過一棵紅衫，進入一棟兩層樓的簡樸手工藝品店，走上樓梯直接進入了一間有開放式廚房的房間，它感覺像是個豐饒而理想中的住家。它的待客之道、燈光、廚房的氣味結合在一起，整個環境帶來既像回到過去、又在當下的感受。」

但是，在紐約市中心的水泥叢林裡，要如何闡述這種情調？「我們沒有樹，也沒有樓梯，我們的廚房是固定式的，安排在餐廳的後方，以建築來看，在加州效果良好並不能作為參考。」他說。不過有一種氣氛、一種情調是他們的團隊想追求的，那就是舒適、親密、樂觀、以及不致於讓人耽溺過去的懷舊感。

為了達到這一點，在隔間和餐桌之間的灰泥粉飾牆，採用了圓弧而非方形的夾角，而且是手工處理，所以顏色是不規則的。這是一個簡單的姿態，但是楚門表示，這是參考了地中海式，特別是希臘島嶼的風格，召喚出七〇年代波希米亞風的回憶。他說：「軟木以各種不同形式成了餐廳內裝最重要的材料。我們用軟木來包裝櫃檯的側邊，我們有兩座軟木做的吊燈，我們最近用軟木磚重新翻修了整個地板。吸引人之處在於，軟木是可永續的材料，看起來美觀而且潔淨有活力，這些都是重要的考量。」

最棘手的問題之一是找出適當的燈，安裝在圍繞著用餐區的隔板上。楚門說：「我們找遍了各種新潮或復古的燈具，結果發現幾乎每種燈，不管是新潮或古典，都有著五〇年代的現代風格。你就是沒辦法躲掉它！最後我在1st Dibs（設計與裝修網站）找到了一個七〇年代加州生產的嬉皮漂流木燈，我把圖片寄給了伊莉莎白。」她回覆了一張由新墨西哥州一名女藝術家設計的杜松樹根燈架照片，於是它解決了燈的問題。「我們買了八座燈，把它們改裝成架燈，這或許可說是我們招牌性的設計。三年下來，差不多每晚都還會有人問燈是誰做的。」

在燈光之後，音樂是創造（和破壞）餐廳氣氛最重要的因素。大部分客人對餐廳音樂的評論都是抱怨：太大聲、太刺耳、太老套、諸如此類；因為大部分餐廳播放的音樂都是來自演算法，要不是透過Spotify，再不然就是某個供應商根據餐廳參考資料，提供的樂曲清單（這是楚門的重要觀察）。「或許未來演算法得出的結果，可以優秀到像是個人策展的音樂清單，不過這一天尚未到來。在尼克斯，音樂清單都是由前唱片製作人、也是我的朋友羅傑．崔令（Roger Trilling）一手打造，我們還會持續增加和刪減樂曲，因為每天我們都會學到哪些會增加氣氛，哪些則阻礙了氣氛。我們發現，晚上餐廳比較熱鬧時，影響顧客交談的聲音，像是吵鬧的吉他聲、或是渾厚聲樂，都會干擾氣氛，而悠長、循環播放的樂曲，比大部分搖滾樂急促的旋律要來得好。」[26]

闡述運輸工具

J. D. Power公司[14]年度「轉售價值獎」，在二十四種運輸工具的評估結果裡，[27]偉士牌機車得到七二．一%評分，這意味著除了罕見而具有收藏價值的車款之外，偉士牌要比其他任何路上的交通工具更能保值。這是了不起的成績，因為它跑得並不快，同時馬力也比不上哈雷，或甚至本田的機車。

偉士牌的成功或許在於它的獨一無二。「偉士牌是一個高檔奢侈品牌，」維吉尼亞州的

14 J. D. Power 是美國一家數據分析與消費者情報公司，創立於一九六八年。定期提供顧客滿意度、商品品質、消費者行為的調查研究。其中對新車品質與長期可靠性的調查最具知名度。

里奇蒙機車（Moto Richmond）創辦人卻爾西・拉莫斯（Chelsea Lahmers）如此說，他的公司經銷偉士牌和其他品牌的輕重型機車。「大部分奢侈品牌都有競爭對手。偉士牌沒有任何競爭者。」[28]

這話並不完全正確，本田和山葉的一些奢侈品牌摩托車定價比偉士牌便宜，在美國賣得更好。基本款的新型偉士牌「春天」（Primavera）售價大約四千一百美元，不含稅和經銷商費。最昂貴的946 RED則要一萬五百美元，不過有一部分所得會捐助給（RED），這是U2合唱團主唱波諾（Bono）為對抗非洲HIV和AIDS的慈善基金會。[29]

沒有任何一款機車擁有偉士牌這樣的權威、聲譽和歷史。假如你看一九五〇年代以來的義大利電影，主角騎著偉士牌四處穿梭。事實上，在羅馬或是任何一個義大利城市，你都會看到人行道旁整齊排放的偉士牌機車。它們不只是漂亮，穿梭在城市狹小的街道上也具有高度的功能性。偉士牌在流行文化和真實生活裡的使用，已經深深嵌入了集體的潛意識之中。偉士牌讓人聯想到自由、都會、巧妙、風格、和趣味。

它的部分魅力，來自於基本上不變、但誘惑力十足的設計。它們的外觀幾乎不曾變化。一九四六年的設計具有流線感，在今日顯得有些復古，但風格不會庸俗或老氣。同時，它維持了金屬打造，不像其他競爭對手老早就用塑膠零件來取代這種昂貴材料。簡單地說，它們是非常美麗的物品，為長久使用的目的而打造。偉士牌的結構是所謂的單殼框架，意思是車身就是它的框架。大部分其他的機車則由個別的車身面板固定在框架上。這樣的結構讓偉士牌變得更輕盈也更緊密，讓它騎起來非常順暢，這是另一個有吸引力的特質，尤其是在市區柏油路和石板路上行動時。

偉士牌明白自己是什麼。它用來描述本身歷史和品牌的文字，呼應了人們騎車的感受：「青春」、「自由」、「激情」、「美麗」、「未來」。[30]它同時也在消費者感受差異的地方持續創新。偉士牌的電動機車Elettrica配備了先進智慧聯網、靜音操作、客製化選擇，以及持久耐用設計。[31]不過，它最好的闡述或許是來自於車主，他們對擁有偉士牌感到強烈驕傲，還會口耳相傳，在偉士牌的車友會以及社群媒體上熱切地分享（在Instagram 上搜尋Vespa可得到超過五百萬個結果，而一般性的scooter機車則只有大約三百萬個結果）。

誰會獲利？

除了為好設計的價值辯護，我們也懇求大家更嚴肅地思考和討論，究竟我們的產品對誰帶來了愉悅和啟發。清晰闡述絕對需要道德上的關注。深切思考我們如何進行自己的工作，以及如何溝通有其道理，因為消費者也想要知道。而且他們對於不關心消費者的公司也愈來愈沒有耐心。根據美國家庭人壽保險公司（Aflac）的研究，大約九二％千禧世代，說他們比較可能購買重視道德的企業產品。[32]一個品牌對於消費者（以及對地球）有部分的道德責任，是傳達產品的好處，它不光是對購買者的好處，還有「更大的善」，不論是環境議題或是其他社會訴求。這方面的努力，隨著我們從消費主義邁入後消費社會，將變得益加重要。

消費主義自二次世界大戰以後抬頭，至少自一九七〇年代起，就主宰著我們的經濟場景，一般人的主要經濟活動已從儲蓄和勤儉持家，轉為恣意花費於各種物品和服務。如我在本書一開始指出，在消費主義數十年來的主宰地位之後，這樣的生活方式已經開始衰退，在許多領域消費主義都遭遇懷疑和蔑視。極簡風潮的流行就是一個指標，其他還包括共享經濟、以體驗為基礎的產業成長，它們訴諸人們渴望創造終生的回憶時光。我歡迎這樣的轉變。我們確實已經擁有太多東西，而這些東西都缺乏意義、耐久性，和工匠精神。

隨著我們進入後消費社會，道德行銷不應該只是一種公關策略；它必須能支撐我們對品牌和產品所投入的一切。換句話說，它應當融入我們事業各個面向的運作之中。這代表著行銷和廣告必須誠實、值得被信賴和關注，產品包裝必須有創意而且合乎道德，品牌價值必須帶來啟發和愉悅。並非只有我做出這種預測，許多從事產品創新和製造的同事、經濟學家、還有其他人都有相同的看法。[33]在最後一章，我會更進一步討論，構成未來企業美學的大趨勢，並指出幾個已經發展的重大運動。還有其他的運動也將興起，我鼓勵大家多關注這些趨勢，在這些外在趨勢和它們帶給你愉悅和渴望的效應之間，做出自己的連結。

PART 3

美學企業的未來

9 美學的未來

我們愈來愈像是活在兩個世界：一個是由自動化、演算法，以及注意力缺乏所主宰；另一個則追求以人為中心的互動、情感的連結，以及把人視為個體而針對設計的體驗。我的汽車技工、稅務會計、以及快遞員，可能很快會被以電腦為基礎的服務或數位的存有取代，而我的髮型設計師、按摩芳療師，以及室內裝潢師則不會（至少很長一段時間內）。這種分裂將影響到同樣也是持續演進的美學。文化與人口年齡層的變化，當然也會持續影響我們認定哪些東西是美好或愉悅，又有哪些東西不具吸引力或讓人毫無想望，因而被我們排斥。我們已經看到，隨著社群媒體的興起，人類活動會持續聚焦在三件事上，我把它們稱為ＲＥＭ：關係（relationships）、體驗（experiences）、和記憶（memories）。

我們渴望與其他人有親密的、真誠的、且個人式的連結，可能導致我們排斥某些形式的社群媒體，[1]並開始接受一些新形式的共居住宅，這可從千禧世代和其他族群開始離開紐約和洛杉磯這類所謂的明星級城市，遷往較小的市鎮看出端倪。[2]「過去幾年來，我們已見到了從大城市出走的趨勢，」經濟與都市發展專家，紐約大學莎克房產研究所都市實驗室的主任史蒂芬·佩迪哥（Steven Pedigo）說：「一些地方開始接受人們在都會社群所期望的概念，較小和郊區的社區正嘗試把它重建出來。」[3]

這種遷徙可能是經濟因素所推動（大城市的花費昂貴），以及科技進展讓人們可以在大都會中心之外地區工作，不過新增人口的小市鎮，也會因為人性驅動的創意而繁榮。持續支持和促進這些創意社區成長的是美學，而不是自動化。這意味著每個地方，不只是大都市中心，都在追尋、並期待發現他們需求想望的商品與服務，有更高的美學表現。如果找尋不到，他們就自己設法創造。許多創業家將創辦有強烈且清晰美學價值的公司。如果既有的公司能夠讓員工發揮美學智慧和能力，就可以提供整體性與人性化體驗，那是愈來愈多的人所想望、期待與需求的。

其他社會和文化上的轉變也支持這種信念，同時會影響企業以及美學在未來十五到二十年的走向。我認為有四個主要的趨勢，會重新定義美學的企業，以下即是說明。你將可看出，它們之間緊密相關、而且相互依存。

（一）環境的危機

消費者了解到，對於環境問題不能再掉以輕心。我們可以帶頭為環境負起責任的方式之一，是關注我們購買的產品，運用消費的力量來推動改變，讓世界變得更好，或者至少減少一些毒害。培恩公關公司（Cone／Porter Novelli）針對企業社會責任（corporate social responsibility，簡稱CSR）進行的研究發現，消費者確實在意產品是如何製造。[4]這個研究提出了幾個重要結論，包括：

- 八七％的消費者說，支持社會或環保議題的公司，比起不支持的公司更能帶來正面印象。

- 八八%的受訪者說，對於支持環境議題的公司，比起不支持的公司有更高的忠誠度。
- 八七%的人如果能夠選擇，會購買對環境有益的產品。
- 九二%的人較可能會信賴支持環境議題的公司。

在接受調查的不同年齡群體之間，千禧世代最有可能透過口碑和社群媒體，分享他們心目中對環境和社會有責任感的公司；他們同時也會分享作法悖離環境現實的公司。隨著千禧世代逐漸在經濟上占有主導地位，企業也應該做好準備，去保障、提升，和支持企業本身對環境的衝擊。同時在作法上也必須具有可信度，因為千禧世代對任何浮誇的宣稱都抱持懷疑。

美學在這方面可以扮演關鍵的角色，打造公司對於環境友善的政策與作法的敘事，其中可能包括了使用可循環利用或重複使用的包裝。國際食品大廠雀巢（Nestlé）在二〇一八年四月宣布，它在二〇二五年之前將全部使用可回收或可重複使用的包裝。[5]安姆科（Amcor）、宜珂（Ecover）、依雲（Evian）、萊雅（L'Oréal）、瑪氏食品（Mars）、馬莎百貨（Marks & Spencer）、百事可樂、可口可樂、聯合利華、沃爾瑪、溫拿及梅滋（Werner & Mertz）也做出了類似的承諾。[6]乳製品公司有機谷（Organic Valley）的包裝已經是可回收（或可重複使用）。[7]運動服飾公司巴塔哥尼亞（Patagonia）自稱是「環境運動者的公司」，並宣告它的公司宗旨就是為了幫助環境。[8]家庭用品公司「代代淨」也有類似主張，認為公司有其社會和環境的使命。[9]

我相信人們在未來會更有興趣見到產品使用更明亮、大膽的顏色，或其他受自然啟發，或透過對自然的思索而得到的視覺線索；產品採用感覺更自然的材料（例如布料上減少使用聚酯纖維和其他化合物）。人們會渴望看到從商店購買的物品，有著手工製造的參考資訊或說明；對於不完美、不協調的產品，人們開始接受、甚至受到吸引（源自日本「侘寂」之美的哲學）。大型零售商已經開始實驗把「小批量」的藝品，依據地區性的原則帶進商店裡。威廉－所諾馬公司（Williams-Sonoma）旗下的居家用品零售商西榆（West Elm），銷售了大約五百名工匠的產品[10]，並有著「可觀的收益」。[11]美國喬治亞州特來恩的陶藝家卡倫．圭瑟蓮（Karen Guethlein）[12]曾經為全食公司和Anthropologie等主要零售商製作碗盤、碟子。在二〇一六年，Etsy與梅西百貨公司[13]聯手推出Etsy手工藝品的巡迴特展會，包括與手作者的見面會。這些生產者擴大規模以供應大型零售商的需求，仍能夠維持手工生產的原創性，他們的產品也就愈有機會在大型零售店裡出現。

我們預期，會有更多社會與環境的行動主義，對永續的努力，以及納入更多手工製品，以便回應消費者對於減少環境衝擊的關切。這一切最終會導引出更多對觸感體驗（tactile experience）的渴望。

（二）數位的擴張與觸感體驗

過去四十年的發展中，我們看到先進運算能力、「智慧」裝置的擴張和無所不在；汽車、住宅、以及大部分勞動力，走向無人操作的自動化[14]；數據變得更廉價、快速容易取得。這些趨勢將會持續下一個四十年，甚至更久。有一些人將擁抱高科技的體驗和產品，有些人則會排斥它，這會讓「數位落差」（digital divide）這個概念再添加新的意義。我們即將進入的世界，不再是「擁有 vs. 沒有」而是「想要 vs. 不想要」。自動化會在許多產業取代勞力；例如農場、[15]速食業、[16]駕駛、[17]文書，以及其他工作[18]，這些將是第一批被取代的[19]。不過，新的工作將出現在需要創造力、原創性，以及人性接觸（「接觸」是字面上的，也是譬喻意義上的）的產業，包括藝術、科學，以及企業策略，[20]這也正是美學智慧未來在職場上如此重要的原因。假如你沒有美感技能，數位的世界和手工打造的世界對你來說都將難以企及。要注意的是，電腦能夠、並且也會創造出藝術和音樂；但是我相信，人類仍然會以更崇高和鼓舞人心的方式創造。可能還會有某種類似「人類特權」（human privilege）的東西，也就是很多人會偏好，甚至願意付更多錢，由人的手和腦打造的創意材料。涉及到建構和維持複雜人際關係的工作，包括像醫護人員、運動教練、以及心理治療這類的專業，或多或少不受自動化的威脅。同樣地，這裡也需要美學智慧，協助維繫他們的服務和客戶群的擴展，因為這些領域也將有激烈競爭。

自動化的提升以及電腦學習，將促使人們找尋更有創意、也更個人的方式來提升生活品質。隨之而來的，是人們會尋求更有觸感的物件帶來感官的愉悅，讓無時不刻曝露在螢幕扁平二元世界中的我們獲得釋放。科技公司會創造更接近真人的聽覺體驗，滿足我們對更豐富、飽滿聲音的渴望，同時也包括現場音樂的體驗。[21]經過強化的嗅覺／味覺／觸覺體驗的數位產品，以及提供豐富感官體驗的非數位產品，都會得到更好的評價。在時尚和服飾方面，感官的體驗可能真的織入材料之中：想想看厚實的針織品，或是具有超柔軟或粗糙質感的、或是混合布料的紡織品（例如皮革加填充羽絨棉料加上刺繡）。

在食品方面，不尋常或非預期的成分（例如辣味或鹹味的冰淇淋，甚至更強烈甜味、辣、和酸的口味）將持續推動料理的創新。我們也同時看到「療癒食品」（comfort food），以及提供溫暖、懷舊的食品回歸。雖然有些人會選擇像是Soylent 這類太空時代的食品，但大多數人聚餐時仍想體驗多樣的感官與新奇感受。

在此同時，科技將持續進化並成為高科技智慧健身衣，和其他可穿戴裝置的一部分，追蹤記錄我們的腳步、身體質量指數（BMI）、攝取和消耗的卡路里數、血壓等等。科技也會影響食物和飲料，帶來更具功能性的食品，承諾提升我們的健康和／或情緒。位在哈德遜谷的Recess公司就是帶領這個趨勢的先鋒。它的水加入了不含毒性的大麻萃取物，宣稱具有止痛、抗焦慮、消炎等功能，幫助你「放鬆」而不是神智恍惚。這個飲料含適應原，可以幫助降低壓力和改善記憶、專注力、和免疫力。[22]

未來將會更強調隨手可做的運動，達到身體的健適（這是相對於高科技的體能訓練），它包括按摩、新型瑜伽，以及其他強化運動體驗的身心練習。死亡金屬瑜伽（Death Metal Yoga）就是其中一例，它的課程內包括：拳擊、踢腿、「空氣吉他」演奏、頭鎚，以及大量的流汗。[23]體能訓練中心可能變得更小，即使位在郊區也離會員住處更近、更加個人化、而且以小眾為原則。這代表會出現專為年長者或年輕者，或專為變性者或特殊宗教團體提供服務的小型訓練中心。[24]

針對小型社群、按照他們的需求提供服務，是取得競爭力的一種方式，它不只適用健身產業，也可運用於大部分產業。提供不同年齡層和不同需求的利基市場將更為普遍，而它們的美學選擇將帶來區隔。為了抗拒去個人化的社會，消費者期望他們的個性獲到認可，這將帶來下一個轉變。

（三）部落的分離

我使用「分離」（secession）這個字眼，並不是指國家的分裂；雖然這也可能發生，許多地緣政治的專家和其他人預測，類似英國脫歐（Brexit）的情況未來會繼續。[25]不過，為了回應全球化、以及對在地文化、語言、生活方式的威脅，我們看到認同政治、部落主義（tribalism）、地緣優先主義、行動主義（activism），還有恐怖主義（遺憾地）快速成長。比起過去，人們如今更加尋求有共通情感、價值、目標、理念，能夠印證自身信念體系的群體。這些力量得到社群媒體的滋養，對民主制度或獨裁政權都可能帶來損害。[26]

這種「部落」的成長，開啟一個超地緣優先主義（hyperlocalism）（同時是對全球大一統的反駁）以及「微主導」（microdominant）的品牌。它們以高度針對性的文化與身分為訴求，依據個人價值與生活方式的選擇，而不必然根據族裔背景來界定。專為微社群（microcommunities）服務的品牌；例如跨性別或性別流動的人們，宗教派系，過去歷史上未被服務或被忽視的群體等等，將會重新定義零售業，創造真摯、完整，以及轉型的產品與體驗，它們是消費者想要、但未必是現在能夠找得到的。部落主義是今日世界最強大的力量。社群已變成了部落。品牌構成部落，大型公司則是由部落集成的部落。

對企業而言，這意味著我們會看到兩種消費者的渴望同時上演。首先，我們看到產品訴求的是較小而較特定的群體身分。接著，產品傳遞的是受到不同文化影響，全球的、混合式的設計感。不同文化傳承的混合和搭配，將創造出新的混種族群和身分認同，例如「部落科技」和「工業風格」。人們會以不同方式形成群體或「部落」，這是憂心外在世界嚴酷、不可預測的現實所做出的反應。繭居，以及支撐它的裝備仍舊很重要；無論是舒適的毛毯，或是提供更多安全感、帶來信賴和舒適的各種產品和服務。

有些人因為社會、經濟、政治、和道德同時出現的混亂而充滿焦慮，覺得對世界窮於應付，更難奢言設想未來。人們對目的、意義，和精神連結的追求，變得益發明顯。對志同道合者的尋求，特別是保護我們免於不友善力量和迫害（真實的或是想像的），提供精神和情感的支持的人們，也會開展出美學創新的領域。認知並且頌讚宗教和靈性的新產品和服務，將找到非傳統的新市場。Venxara的「靈魂戰士時尚」[27]印證了這一點，它的手提袋、側背包和珠寶，裝飾了各種天主教聖徒主題的藝術品。你也會看到有穆斯林女性、正統猶太教徒、和其他宗教信仰所推動含蓄風格的時尚。新的含蓄風格將進入主流的時尚，許多人會受它的吸引，正如他們受宗教性靈的吸引一樣，為的是在有敵意的外在世界中，尋得舒適感和保護。

隨著群體專注於靈性的成長和復興，大家可以期待更專注於目的、意義，以及和創造正向的差異。大家可以期待，對地球長期永續的強烈關注。

還會出現的，是對於更早年無憂無慮童年的懷舊情緒。嬰兒潮世代的人們將從年輕時熟悉的追求和產品得到慰藉，千禧世代的人和X世代的人也是如此。復古品牌像是藍帶（Pabst）和施利茨（啤酒）、拍立得（攝影機）、史溫（Schwin）（自行車）、Keds（運動鞋）、Fresca

（汽水）、一千零一夜（Shalimar）（香水）、阿圖特里亞克的魚片薯條（Arthur Treacher's Fish & Chips）（速食）、Hydrox（餅乾）、以及Fiorucci（時尚）都將捲土重來。凡是能成功喚起天真單純、懷舊情緒的新品牌，也會受到歡迎。

分裂為部落或是文化／價值群體，也將影響美妝產業。人們對青春永駐的關心，轉投入到重視健康、快樂、和睿智的年齡增長。最近美妝連鎖店猶他彩妝（Ulta Beauty）的廣告已經可以看到這種情況。二〇一六年和二〇一八年期間，猶他彩妝的電視和平面廣告有著類似卡通的風格，呈現女性完美、如洋娃娃般的形象。儘管有各種族裔的不同代表，她們外貌看起來都非常類似。如今猶他彩妝的品牌與行銷，禮讚各種形狀與尺寸大小的美，這個廣受歡迎的訊息有助於公司在不同市場的成功。它也是少數同時銷售高端產品與低端產品的零售商。[28]它的賣點是歡樂，而不是年輕。隨之而來的結果，是公司的股價從二〇〇九年到二〇一六年之間成長了超過三〇〇〇%，表現還優於標準普爾指數，它在同時期只成長了二五〇%。[29]美妝產業將變得更加多元，為有特殊需求和傷病的人專門設計的產品也會有市場，看見與認可人們在各種狀態下的美。

（四）模糊的界線

如稍早所說，人們因共同的意識形態、興趣、和信仰而形成團體，不過團體和團體的成員尋求的，並非傳統規範的身分認同。男性與女性、異性戀與同性戀、黑人和白人、年輕與年老，它們之間的界線如今開始模糊。[30]結果是，傳統上以性別或年齡做區隔的品牌或是項目，如今會變成男女通用，或者會提供男女通用的品項和各年齡通用的產品和服務。童裝品牌Primary[31]提供顏色鮮豔，從零歲到十二歲兒童都適合穿著的T恤、褲襪、長褲、裙子、和洋裝；傳統的男童裝（長褲、T恤）和女童裝（洋裝、裙子）則是行銷給所有的孩童。紐約市蘇活區的The Phluid Project，可能是全世界第一家無性別零售空間。在三千平方英尺的空間裡，有大片窗戶、挑高天花板的明亮白色商店，根據它的內容長朱利安・布魯克斯（Julian Brooks）的說法，部分作為零售空間、部分則是「體驗平台」。[32]

這家店的目標是非常規性別（gender-nonconforming）和性別流動（gender-fluid）的消費者，它使用特製的無性別櫥窗模特兒，展示男女通用的服飾，品牌包括Levi's和Soulland，較前衛風格的有Gypsy Sport和Skingraft，還有Meat，這個品牌的靈感源自戀物癖的乳膠材質服裝。

The Phluid Project[33]也提供自家生產線的T恤和連帽T，上面印著「團結力量大」（Stronger Together）和「一個世界」（One World）等標語。這家店的訴求之一是要大家都負擔得起，因此一般售價都不超過三百美元。No Sesso（義大利文是「無性／性別」的意思）是另一個品牌，它運用鮮明的色彩組合，強調綁帶、縫線、和刺繡的手法，外加不規則的編織，還有滾邊或高度剪裁的布料，將無性服飾的構想，推展至嶄新而獨特的領域。它的服裝具有可調整或變形的特性，適用於各種體型（男性／女性、高／矮、大／小）。[34]換句話說，消費者可從很多方面改造服裝，來搭配他們自己的體型和身分。

TomboyX站在性感內衣品牌維多利亞的祕密（Victoria's Secret）的對立面，這家公司清楚的主張[35]，即使「以人為焦點」，它的產品是由女同志所製作、供女同志所用。未來我們可望見到既有的品牌增加類似生產線，以及新品牌推出產品，供應各種不同性傾向和人格特質的消費者。在此同時，我們也將看到新品牌和服務，推出刻意誇大和反諷刻板性別差異的產品。你會看到一些誇張的造型，像是超級蓬鬆的袖子，以及襯衫和女性上衣有著超級女性化的縐褶、暗釦和褶邊等細節。

打造正面的人性連結是個複雜的任務，同時它具有深遠的意義。做得好的話，可以帶來更豐富的品牌體驗。不過創造者的難題，是把自己的理念與值得人們深刻體驗的主題調和在一起。現今驅動消費者的，不再是累積物質的擁有，而是追求深度、真誠、與意義。因此，能夠持久的品牌會提供目的，而這個目的可延展至商業動機之外，把接觸它們產品或服務的人們連結起來，並賦予他們力量。到頭來，這是真正能挑戰、吸引、和取悅它們的消費者的方式。這是企業對消費者，基於他們身為人，而不是基於他們的消費，給予關懷和尊重的機會。

結語

這本書孕生於我最深刻且帶著個人色彩的部分。身為全球時尚龍頭產業的北美地區主管，我擁有許多人口中所說「全世界最棒的工作」。我出席的時尚展，不僅是紐約和巴黎這些時尚中心，也包括雷克雅維克這類遙遠之地。黑領帶的晚宴是例行公事，有時一晚甚至有兩場。不過，在大部分情況下，這個工作是被各種彙報、乏味的視訊會議、無止境的預算討論和專案議程，以及隨後解除專案與重啟專案的議程排得滿滿。此外還有人員的聘任、解雇與分析。一大堆的分析。逐一品牌的分析。逐一市場的分析。逐一商店的分析。

隨著二〇一五年將近尾聲，我和家人一起去了趟維也納。在那裡，我站在凱撒街四十四號的門口，那曾經是我曾祖父開設的服飾店「克萊德豪斯・戈爾斯坦」（Kleiderhaus

Goldstein）。我心裡想著，伊斯萊爾・戈爾斯坦（Israel Goldstein）應該以他曾孫女的成就為榮。在他那個年代，沒有任何產業或專業是由女性領導。一個猶太女子擔任領導者更是無法想像。話雖如此，我猜他對我的工作領域時尚業，以及它偏離他所了解和熱愛的領域已有多遠，應該會感到失望。

我的四位祖父母都僥倖逃過了納粹大屠殺。我父系的祖父母在一九三九年從維也納逃到了紐約。我母系的祖父母在同時期從法蘭克福經巴塞隆納移民到了開普敦；他們選了這條迂迴的路線，因為西班牙內戰的緣故而更顯艱辛。我雙親的家族在這困厄的時刻裡，都是由女性，也就是我的兩位祖母支撐起家庭。她們透過時尚，也正是美學，辦到這一點，成了她們各自的小服飾店創辦人。

當我以批判角度審視今日的服飾產業，我相信它已經喪失了「存在理由」。二十五年前我進入這個產業，人們愛逛街，特別是喜歡挑選衣服，把逛街當成娛樂體驗。到了今天，人們透過快速而直接的數位購物獲取想要的東西，甚至偏好體驗勝於實物，逛百貨店買個手提包已經不怎麼吸引人。逛街購物已經不再符合人們的需求，或是能刺激人們的創意。這個道理對其他大部分公司和產業也同樣適用。身為企業人，我們已習慣專注在財務報表最後一行的盈虧數字，鼓動消費者購買愈來愈少人想要的產品，我們和我們生產的東西已經失去聯繫。為了生存，我們必須為我們做的東西重新注入人性，並且了解我們為什麼要製造它們。如果這本書能讓大家得到一點收穫（希望是大有收穫），它們應該是：

美學至關重要……而且現在比過去更加重要；

美學事業是由具備美學智慧的人所打造和推動；

人們天生具備比自己原以為更多的美學智慧，不過它和肌肉一樣都需要經過鍛鍊；

如果運用得宜，美學可以強化你的事業，甚至可以帶來轉型。

我希望本書可以激發人們對美感的愉悅，有持續而真心的追尋，投入更多的鑑賞、投資、和努力。企業的未來就要依靠它了。

致謝

我的家譜裡有一長串強大的女性，她們是既凶猛、又優雅的母獅。

我的兩個祖母都創立與經營她們的個人事業，她們各有優雅的品味，並以此為基礎打造成功的事業。

我的祖母荷蒂擁有一個高端童裝品牌，是她在一九四〇年代，於紐約長島家裡的餐桌上發想出來，最後，她把產品賣給全美的精品服飾店。同一個時期，我的外祖母歐蜜把她設計和製作服飾的才華，帶到南非的仕紳階級，她在那裡製作與銷售仿自巴黎高端時尚的晚禮服。這兩位女性的所作所為，為我如今「美學的企業」發展做好了準備。

我從荷蒂奶奶學到了品味、優雅、專注細節的價值。儘管環境並不寬裕，她仍堅持一定要穿精緻縫製的內衣。從歐蜜外婆身上，我發展了對手藝、創意、說故事的熱情。歐蜜非常了解，如何把織線化為服飾，為簡單的連衣裙注入個性。

回顧她們帶給我的影響力，以及對我撰寫本書的一些觸發，我發現，這兩位女性天生就明白了，我們這個年代需要理解、欣賞、和精熟的東西。她們的事業能夠存續，靠的或許是辛勤工作與紀律，但之所以蓬勃壯大，則是靠創辦人的美學智慧。她們擁抱「另一個AI」，這樣的精神傳遞到我身上，也及於我的母親芭芭拉・蓋里斯（Barbara Garris）、我的妹妹萊絲莉・蓋里斯（Leslie Garris）、以及我的女兒亞利安娜・布朗（Arianna Brown），她們各自以獨特的方式，成為品味的創造者。

同樣地，我很幸運有一群強大、具創意、時尚雅緻的女性友人，作為我的母獅同伴們：包括了：馬蒂・比約文森（Madi Bjorgvinsson）、克莉絲提娜・卡利諾、安・德維若（Anne Devereux）、艾妲・古蒙茲托特、古拉・瓊斯多提爾、唐娜・卡倫、凡妮莎・凱伊（Vanessa Kay）、瑪麗亞・馬特維瓦（Maria Matveeva）、珍妮佛・麥克瑞亞（Jennifer McCrea）、布萊兒・米勒（Blair Miller）、李・普林斯（Lee Prince）、羅蘋・普林格（Robin Pringle）、蘿倫・雷明頓・普拉特（Lauren Remington Platt）、凱・烏恩格、奧嘉・維德希瓦（Olga

Videsheva），以上的人名只是其中一些。她們為碰觸的每個東西留下了特殊的印記；她們當然也在我身上留了她們的印記。

我的人生中也遇到不少具備高度美感的男性：羅沙諾・費瑞提（Rossano Ferretti）、史考特・古森（Scott Goodson）、大衛・奇德（David Kidder）、艾瑞克・莫特利（Eric Motley）、提姆・努農（Tim Noonon）、亞爾曼・奧特加、以及席安－皮耶・雷吉斯（Sian-Pierre Regis）。他們每一位都是真心的朋友和真正的貴族，都是我兒子朱利安・布朗（Julian Brown）無以倫比的模範。

我在開始構想寫書之前，就已熟識以上的朋友。沒有他們，我不會有信心和素材來寫這本書。除此，還有一些在寫作過程結識的人，他們對這本書扮演重要角色。首先是我的經紀人蓋兒・羅斯（Gail Ross），我才提出模糊的想法、教學課程、和一些不直接相關的履歷時，她就在我身上大膽下注。

蓋兒把天資聰穎又可愛的作家卡倫・凱莉（Karen Kelly）介紹給我，她總是有辦法把我分散而斷裂的想法，轉化成美妙的散文。我們開始著手之後，卡倫一直是我思想的伴侶、創意的合夥人、研究員、以及事實的查核者。

蓋兒也為我引見了聰慧而亮麗的霍莉絲・海姆波許（Hollis Heimbouch），我在哈潑柯林斯出版社的編輯和哈潑商業叢書的主管。霍莉絲擁有敘事的敏銳頭腦、聆聽語言的耳朵、趨勢潮流的嗅覺、還有卓越的風格。

還有霍莉絲在哈潑柯林斯世界級的團隊：傑出的行銷與公關三人組布萊恩・培林（Brian Perrin）、潘尼・馬克拉斯（Penny Makras）、和瑞秋・艾琳斯基（Rachel Elinsky）；執行編輯妮琪・巴朵夫（Nikki Baldauf）；編輯主管喬思琳・拉爾尼克（Jocelyn Larnick）；以及書籍設計威廉・洛托（William Ruoto）。我也要特別感謝施瑞威・威廉斯公關公司的妮可・杜威（Nicole Dewey）。

最後，還有一長串的女性名單，她們打造了我個人的美學想法——她們是我風格的偶像：可可・香奈兒、塞爾妲・費茲傑羅（Zelda Fitzgerald）、多羅西・帕克、英格麗・褒曼、卡瑟琳・丹妮佛、黛安娜・佛里蘭（Diana Vreeland）、葛洛莉亞・斯泰納姆（Gloria Steinem）、海爾・貝瑞、凱特・布蘭琪、丹妮莉絲・坦格利安（Daenerys Targaryen）、和索蘭芝・諾利斯（Solange Knowles）。她們在我的靈感板上，各自占有重要的位置。

我向所有高貴的公獅子和母獅子致意，在這整本書裡，我都能聽到你們的嘶吼。

原書註

前言

1. “Future Craft,” Panasonic, https://www.panasonic.com/global/corporate/technology-design/our-design.html.

第一章

1. “CNBC Transcript: LVMH Chairman & CEO Bernard Arnault Speaks with CNBC’s ‘Squawk on the Street’ Today,” CNBC, May 6, 2014, https://www.cnbc.com/2014/05/06/cnbc-transcript-lvmh-chairman-ceo-bernard-arnault-speaks-with-cnbcs-squawk-on-the-street-today.html.
2. Caroline Halleman, “New Louis Vuitton Exhibit Shows Off theGlamorous History of the Brand,” *Town & Country*,

October 27, 2017, https://www.townandcountrymag.com/style/fashion-trends/a13107658/new-louis-vuitton-exhibit/.

3. Jacoba Urist, “Is Good Taste Teachable?,” *New York Times*, October 4, 2017, https://www.nytimes.com/2017/10/04/style/design-good-taste.html.

4. Wei Gu and Dean Napolitano, “Hermès Birkin Bagged for Record Price at Christie’s Hong Kong Auction,” *Wall Street Journal*, June 2, 2015, https://www.wsj.com/articles/hermes-birkin-bagged-for-record-price-at-christies-hong-kong-auction-1433149955.

5. “Perfumer Jo Malone on Her Superhuman Sense of Smell,” *Good Morning Britain*, March 17, 2017, https://www.youtube.com/watch?v=QEHw144GyzQ.

6. Telephone interview with Edda Gudmundsdottir, January 16, 2019.

7. Ibid.

第11章

1. “Augmented Reality in Lego Stores,” Retail Innovation, August 4, 2013, http://retail-innovation.com/augmented-reality-in-lego-stores/.

2. Matthew Carroll, “How Retailers Can Replicate the ‘Magic’ of the Apple Store . . . Online,” *Forbes*, June 26, 2012, https://www.forbes.com/sites/matthewcarroll/2012/06/26/how-retailers-can-replicate-the-magic-of-the-apple-store-

online/#1801e66da873.

3. "Ingrid Fetell Lee Studies Joy and Reveals How We Can Find More of It in the World Around Us," TED, https://www.ted.com/speakers/ingrid_fetell_lee.
4. Georgia Frances King, "Your Sense of Smell Controls What You Spend and Who You Love," Quartz, August 16, 2018, https://qz.com/1349712/companies-like-starbucks-use-smells-to-keep-us-buying-heres-why-it-works/.
5. Jennifer Welsh, "Smell of Success: Scents Affect Thoughts, Behaviors," Live Science, June 16, 2011, https://www.livescience.com/14635-impression-smell-thoughts-behavior-flowers.html.
6. "The Scent of Coffee Appears to Boost Performance in Math," Stevens Institute of Technology, July 17, 2018, https://www.stevens.edu/news/scent-coffee-appears-boost-performance-math.
7. Shilpa Shah, "It's Not Retail That's Dying. It's Our Imagination," Business of Fashion, June 8, 2018, https://www.businessoffashion.com/articles/opinion/op-ed-its-not-retail-thats-dying-its-our-imagination.
8. Amit Kumar and Nicholas Epley, "Undervaluing Gratitude: Expressers Misunderstand the Consequences of Showing Appreciation," *Psychological Science* 29, no. 9 (June 27, 2018): 1423–35, https://journals.sagepub.com/doi/abs/10.1177/0956797618772506?journal Code=pssa.
9. Peter Merholz, "The Future of Retail? Look to Its Past," *Harvard Business Review*, December 12, 2011, https://hbr.org/2011/12/the-future-of-retail-look-to-i.
10. Francesca Landini, "Unilever Buys Premium Ice Cream Maker GROM," Reuters, October 1, 2015, https://www.

reuters.com/article/us-unilever-m-a-grom-idUSKCN0RV5BO20151001.

11. Bloomberg, "How Phillip Plein Made Bad Taste Big Business," Business of Fashion, July 17, 2018, https://www.businessoffashion.com/articles/news-analysis/how-philipp-plein-made-bad-taste-big-business.

12. "Tops," Philipp Plein, https://www.plein.com/us/women/clothing/tops/.

13. "Philipp Plein Aquires Billionaire Italian Couture," CPPLuxury, April 29, 2016, https://cpp-luxury.com/philipp-plein-acquires-billionaire-italian-couture/.

14. Caitlin O'Kane, "Gucci Removes $890 'Blackface' Sweater, Apologizes after Receiving Backlash," CBS News, February 7, 2019, https://www.cbsnews.com/news/gucci-blackface-sweater-gucci-removes-890-blackface-sweater-apologzies-after-receiving-backlash/.

15. Olivia Pinnock, "Can D&G Recover from Its China Crisis?," *Drapers*, December 8, 2018, https://www.drapersonline.com/news/can-dg-recover-from-its-china-crisis/7033285.article.

16. Christopher Brito, "Prada Accused of Using Blackface Imagery at NYC Store and Online," CBS News, December 14, 2018, https://www.cbsnews.com/news/prada-blackface-soho-manhattan-broadway-racist-accusation-store-online-today-2018-12-14/.

17. Jennifer Newton, "Wine Snobs Are Right: Glass Shape Does Affect Flavor," *Scientific American*, April 14, 2015, https://www.scientificamerican.com/article/wine-snobs-are-right-glass-shape-does-affect-flavor/.

18. Steven Kolpan, "Good Glasses Make Wine Taste Better," Salon, April 21, 2010, https://www.salon.com/2010/04/21/

wine_glass_shapes_matter/.

19. Ibid.

20. Telephone interview with Jessica Norris, August 24, 2018.

21. Katia Moskvitch, "Why Does Food Taste Different on Planes?," BBC, January 12, 2015, http://www.bbc.com/future/story/20150112-why-in-flight-food-tastes-weird.

22. A. T. Woods, T. Poliakoff, D. M. Lloyd, et al., "Effect of Background Noise on Food Perception," *Food Quality and Preference* 22, no. 1 (January 2011): 42–47, https://www.sciencedirect.com/science/article/abs/pii/S0950329310001217.

23. Roni Caryn Rabin, "'I'll Have the Cake.' The Music Made Me Do It," *New York Times*, May 31, 2018, https://www.nytimes.com/2018/05/31/well/eat/ill-have-the-cake-the-music-made-me-do-it.html.

24. Julian Treasure, "The Four Ways Sound Affects Us," TED Talk, July 2009, https://www.ted.com/talks/julian_treasure_the_4_ways_sound_affects_us.

25. Catherine Saint Louis, "Fragrance Spritzers Hold Their Fire," *New York Times*, April 15, 2011, https://www.nytimes.com/2011/04/17/fashion/17Fragrance.html.

26. "New Rollers Get Old Scent of Success," *Telegraph*, July 10, 2000, https://www.telegraph.co.uk/news/uknews/1347753/New-Rollers-get-old-scent-of-success.html.

27. Emily Bryson York, "Starbucks Posts Loss for Third Quarter," *Ad Age*, July 31, 2008, http://adage.com/article/news/

starbucks-posts-loss-quarter/130024/.

28. King, "Your Sense of Smell Controls What You Spend and Who You Love."

29. Myung-Haeng Hur, Joohyang Park, Wendy Maddock-Jennings, et al., "Reduction of Mouth Malodour and Volatile Sulphur Compounds in Intensive Care Patients Using an Essential Oil Mouthwash," *Phytotherapy Research* 23, no. 7 (July 2007): 641–43.

30. Listerine Original Antiseptic Mouthwash, Walgreens, https://www.walgreens.com/store/c/listerine-original-antiseptic-mouthwash-original/ID=prod1207-product.

第三章

1. Nokia Original Real Tune, YouTube, https://www.youtube.com/watch?v=yq0EmbY3XyI.

2. Luke Peters, "Nokia Tune: More Than Just a Ringtone," Microsoft, April 25, 2014, https://web.archive.org/web/20150413013830/http://lumiaconversations.microsoft.com/2014/04/25/nokia-tune-just-ringtone.

3. Ibid.

4. Hallie Busta, "The Last Howard Johnson's Standing," *Architect Magazine*, August 26, 2016, https://www.architectmagazine.com/design/culture/the-last-howard-johnsons-standing_o.

5. Philip Langdon, *Orange Roofs, Golden Arches: The Architecture of American Chain Restaurants* (New York: Knopf,

1986), 194.

6. Ibid.

7. Andrew A. King and Baljir Baatartogtokh, *How Useful Is the Theory of Disruptive Innovation?*, MIT Sloan Management Review, Fall 2015, 85, http://ilp.mit.edu/media/news_articles/smr/2015/57114.pdf.

8. Walter Isaacson, "How Steve Jobs' Love of Simplicity Fueled a Design Revolution," *Smithsonian*, September 2012, https://www.smithsonianmag.com/arts-culture/how-steve-jobs-love-of-simplicity-fueled-a-design-revolution-23868877/.

9. Joanne Wasserman, "How City Rode Out Strike," *New York Daily News*, December 12, 2002, http://www.nydailynews.com/archives/news/city-rode-strike-article-1.499686.

10. "The Chanel Jacket," *Inside Chanel*, Chanel, http://inside.chanel.com/en/jacket.

11. Chanel Pink Logo Jacket, Tradesy, https://www.tradesy.com/i/chanel-pink-cc-logo-tweed-boucle-wool-size-6-s/4939264/.

12. Susan Blakey, "Fake It Till You Make It . . . Chanel-esque Jackets," Une femme d'un certain âge, May 22, 2012, https://unefemme.net/2012/05/fake-it-till-you-make-it-chanel-esque-jackets.html.

13. "Our Story," Green Giant, https://www.greengiant.eu/our-story/.

14. "Motorcycles, Millennials, and the Future of Riding," Edgar Snyder & Associates, https://www.edgarsnyder.com/blog/2016/06/28-motorcylists-and-millennials.html.

15. "Mermaid Mythology," Real Mermaids, http://www.realmermaids.net/mermaid-legends/mermaid-mythology/

16. "Deadmau5 and Walt Disney Settle Mouse Ears Legal Dispute," *Guardian*, June 22, 2015, https://www.theguardian.com/music/2015/jun/23/deadmau5-and-walt-disney-settle-mouse-ears-legal-dispute.

17. Annie Karni, "MTA Sees Something—Says Stop!," *New York Post*, September 4, 2011, https://nypost.com/2011/09/04/mta-sees-something-says-stop/.

18. Reuters, "Harvard Sues Company Over Use of Name," *New York Times*, January 3, 2001, https://www.nytimes.com/2001/01/03/business/harvard-sues-company-over-use-of-name.html.

19. "History," Harvard Bioscience, http://www.harvardbioscience.com/about-us/history/.

20. "The Betty Crocker Portraits," Betty Crocker, https://www.bettycrocker.com/menus-holidays-parties/mhplibrary/parties-and-get-togethers/vintage-betty/the-betty-crocker-portraits.

21. Monte Olmsted, "The Red Spoon That Changed Betty Crocker," Taste of General Mills blog, General Mills, May 10, 2016, https://blog.generalmills.com/2016/05/the-red-spoon-that-changed-betty-crocker/.

22. Nathaniel Meyersohn, "Claire's Files for Bankruptcy," CNN Business, March 19, 2018, https://money.cnn.com/2018/03/19/news/companies/claires-bankrupt/index.html.

23. Lauren Thomas, "Department Store Chain Bon Ton Files for Bankruptcy Protection," CNBC, February 5, 2018, https://www.cnbc.com/2018/02/05/department-store-chain-bon-ton-files-for-bank ruptcy-protection.html.

24. Nathan Bomey, "Sports Authority Files for Chapter 11 Bankruptcy," *USA Today*, March 2, 2016, https://www.

usatoday.com/story/money/2016/03/02/sports-authority-files-chapter-11-bankruptcy/81199502/.
25. Robert Mclean, "Toys 'R' Us Files for Bankruptcy," CNN Business, September 19, 2017, https://money.cnn.com/2017/09/19/news/companies/toys-r-us-bankruptcy-chapter-11/index.html.
26. Le Bon Marche Rive Gauche, LVMH, https://www.lvmh.com/houses/selective-retailing/le-bon-marche/.
27. National Celebrations, France, http://www2.culture.gouv.fr/culture/actualites/celebrations2002/bonmarche.htm.
28. "The Story of Henri Bendel," Girl's Playground, Henri Bendel, https://www.henribendel.com/us/girls-playground/bendel?fdid=bendel-heritage.
29. Eric Wilson, "Geraldine Stutz Dies at 80; Headed Bendel for 29 Years," *New York Times*, April 9, 2005, https://www.nytimes.com/2005/04/09/business/geraldine-stutz-dies-at-80-headed-bendel-for-29-years.html.

第四章

1. Fortune 500, *Fortune*, 2018, http://fortune.com/fortune500/list.
2. Tristan Bove, "These 49 companies have been on the Fortune 500 every year since 1955. Here's who they are," Fortune, May 24, 2022, https://fortune.com/2022/05/24/fortune-500-companies-list-every-year-exxonmobil-chevron-pfizer/.
3. Clayton M. Christensen, Taddy Hall, Karen Dillon, and David S. Duncan, "Know Your Customers' 'Jobs to Be

Done,'" *Harvard Business Review*, September 2016, https://hbr.org/2016/09/know-your-customers-jobs-to-be-done.

4. Sarah Foster, "U.S. Consumer Confidence Unexpectedly Jumps to 18-Year High," MSN, September 25, 2018, https://www.msn.com/en-us/news/msn/us-consumer-confidence-unexpectedly-jumps-to-18-year-high/ar-AAACEBr.

5. "Timeline," Starbucks, https://www.starbucks.com/about-us/company-information/starbucks-company-timeline.

6. "Ray Oldenburg," Project for Public Spaces, December 31, 2008, https://www.pps.org/article/roldenburg.

7. Benet Wilson, "The Top 15 Airlines in North America," Trip Savvy,December 26, 2018, https://www.tripsavvy.com/top-airlines-in-north-america-53734.

8. Laurie Brookins, "Eye on Carol Phillips and the Creation of Clinique," Clinique, https://www.clinique.com/thewink/eye-on-carol-phillips.

9. Aimee Picchi, "Sears May Be Filing for Bankruptcy—and Its Stock Price Is Now Around 40 Cents," CBS News, October 10, 2018, https://www.cbsnews.com/news/sears-bankruptcy-filing-reports-sends-retailers-stock-sinking-2018-10-10/.

10. Rich Duprey, "Sears Holdings' Store Auction Won't Help Enough," Motley Fool, April 19, 2018, https://www.fool.com/investing/2018/04/19/sears-holdings-store-auction-wont-help-enough.aspx.

11. Daniel B. Kline, "Why J.C. Penney Will Succeed Where Sears is Failing," Motley Fool, May 22, 2018, https://www.fool.com/investing/2018/05/22/why-jc-penney-will-succeed-where-sears-is-failing.aspx.

12. Pam Goodfellow, "Sears: The Good, the Bad, and the Ugly," *Forbes*, January 26, 2016, https://prosperinsights.com/

sears-the-good-the-bad-and-the-ugly/.

13. "Historic Catalogs of Sears, Roebuck and Co., 1896–1993," Ancestry, https://search.ancestry.com/search/db.aspx?dbid=1670.

14. Will Knight, "Inside Amazon's Warehouse, Human-Robot Symbiosis," MIT Technology Review, July 7, 2015, https://www.technologyreview.com/s/538601/inside-amazons-warehouse-human-robot-symbiosis/.

15. Burt Helm, "How This Company Makes $70 Million Selling Random Stuff on Amazon," *Inc.*, March 2016, https://www.inc.com/magazine/201603/burt-helm/pharmapacks-amazon-warehouse.html.

16. "How One of America's Beloved Family Beer Companies Squandered a $9 Billion Fortune," *Daily Mail*, July 21, 2014, https://www.dailymail.co.uk/news/article-2699668/How-one-Americas-beloved-family-beer-company-squandered-9-billion-fortune.html.

17. Ibid.

18. Kerry A. Dolan, "How to Blow $9 Billion: The Fallen Stroh Family," *Forbes*, July 21, 2014, https://www.forbes.com/sites/kerryadolan/2014/07/08/how-the-stroh-family-lost-the-largest-private-beer-fortune-in-the-u-s/#328269f3d13a.

19. Carol Emert, "Pabst, Miller Toast Deals To Buy Stroh's / Pabst Takes Bulk of Assets—Miller Gets Two Brands," SFGate, February 9, 1999, https://www.sfgate.com/business/article/Pabst-Miller-Toast-Deals-To-Buy-Stroh-s-Pabst-2947861.php.

20. E. J. Schultz, "How Pabst Is Reinventing Stroh's, Old Style, Schlitz," *Ad Age*, August 23, 2016, https://adage.com/

article/cmo-strategy/pabst-reinventing-stroh-s-style-schlitz/305538/.

21. Tom Perkins, "Stroh's Is Developing a New IPA Called Perseverance," *Detroit Metro Times*, February 20, 2018, https://www.metrotimes.com/table-and-bar/archives/2018/02/20/strohs-is-developing-a-new-ipa-called-perseverance.

22. "Dolce & Gabbana and Smeg United Once More," Dolce & Gabbana, http://www.dolcegabbana.com/discover/dolcegabbana-and-smeg-united-once-more/.

23. "History," SMEG, https://www.smegusa.com/history/.

24. Emily Bencic, "Smeg Global Thanks Business Partners for Support," Appliance Retailer, August 27, 2018, https://www.applianceretailer.com.au/2018/08/smeg-global-ceo-thanks-business-partners-for-support/.

25. Douglas MacMillan, "Eyeglass Retailer Warby Parker Valued at $1.2 Billion," *Wall Street Journal*, August 30, 2015, https://blogs.wsj.com/digits/2015/04/30/eyeglass-retailer-warby-parker-valued-at-1-2-billion/.

26. "Retail Brands," Luxottica, http://www.luxottica.com/en/retail-brands.

27. Steve Denning, "What's Behind Warby Parker's Success?," *Forbes*, March 23, 2016, https://www.forbes.com/sites/stevedenning/2016/03/23/whats-behind-warby-parkers-success/#4571deb3411a.

28. Mallory Schlossberg, "This Hot $250 Million Start-up Is Being Called J. Crew for Millennials," Business Insider, March 7, 2016, https://www.businessinsider.com/everlane-is-projecting-major-growth-2016-3.

29. "The Cashmere Waffle Square Turtleneck," Everlane, https://www.everlane.com/products/womens-cashmere-waffle-

sq-ttlenck-heather rust?collection=womens-all.

30. David Ludlow, "Dyson Will Only Make New Cordless Vacuums Following Cyclone V10 Launch," Trusted Reviews, March 9, 2018, https://www.trustedreviews.com/news/new-dyson-vacuums-2018-3410897.

31. Bill Saporito, "How 2 Brothers Turned a $300 Cooler into a $450 Million Cult Brand," *Inc.*, February 2016, https://www.inc.com/magazine/201602/bill-saporito/yeti-coolers-founders-roy-ryan-seiders.html.

32. Ibid.

33. Hannah Martin, "Why Designers Love Benjamin Moore's NewestPaint," *Architectural Digest*, March 3, 2017, https://www.architecturaldigest.com/story/benjamin-moore-century-paint-designer-favorite.

34. Ibid.

35. Jia Tolentino, "The Promise of Vaping and the Rise of Juul," *New Yorker*, May 14, 2018, https://www.newyorker.com/magazine/2018/05/14/the-promise-of-vaping-and-the-rise-of-juul.

36. Laura Kelly, "FDA Makes 'Surprise Inspection' of E-cigarette Maker's Offices, Seizes Documents on Youth Marketing," *Washington Times*, October 2, 2018, https://www.washingtontimes.com/news/2018/oct/2/fda-raids-e-cigarette-maker-juuls-offices/.

37. Claude E. Teague, Jr., "Research Planning Memorandum on SomeThoughts About New Brands of Cigarettes for the Youth Market," Industry Documents Library, University of Southern California, February 2, 1973, 21 U.S.C. 387G (2009), https://www.industrydocumentslibrary.ucsf.edu/tobacco/docs/#id=lhvl0146.

38. Ibid.

39. Ibid.

40. *U.S. v. Philip Morris USA, Inc., et al.*, No. 99-CV-02496GK (U.S. Dist. Ct., D.C.), Final Opinion, August 17, 2006, https://www.tobaccofreekids.org/assets/content/what_we_do/industry_watch/doj/FinalOpinion.pdf.

41. "Leading Health Groups Urge State AGs to Investigate R. J. Reynolds' New Magazine Ads for Camel Cigarettes," Campaign for Tobacco-Free Kids, May 30, 2013, https://www.tobaccofreekids.org/press-releases/2013_05_rjr_ad.

42. Marion Nestle, "The FTC vs. POM Wonderful: The Latest Round," Food Politics, May 23, 2012, https://www.foodpolitics.com/2012/05/the-ftc-vs-pom-wonderful-the-latest-round/.

43. Cases and Proceedings, FTC, https://www.ftc.gov/enforcement/cases-proceedings/082–3122/pom-wonderful-llc-roll-global-llc-matter.

44. "Kellogg Settles FTC Charges That Ads for Frosted Mini-Wheats Were False," FTC, April 20, 2009, https://www.ftc.gov/news-events/press-releases/2009/04/kellogg-settles-ftc-charges-ads-frosted-mini-wheats-were-false.

45. Michael Moss, *Salt Sugar Fat: How the Food Giants Hooked Us* (New York: Random House, 2014), 91.

第五章

1. Michaeleen Doucleff, "Love to Hate Cilantro? It's in Your Genes and Maybe, in Your Head," NPR, September

14, 2012, https://www.npr.org/sections/thesalt/2012/09/14/161057954/love-to-hate-cilantro-its-in-your-genes-and-maybe-in-your-head.

2. Stefan Anitei, "Your Genes Dictate You What to Eat," Softpedia News, October 23, 2007, https://news.softpedia.com/news/Your-Genes-Dictate-You-What-To-Eat-68954.shtml.

3. "How Smell and Taste Change as You Age," National Institute on Aging, https://www.nia.nih.gov/health/smell-and-taste#taste.

4. Mary Beckham, "A Matter of Taste," Smithsonian, August 2004, https://www.smithsonianmag.com/science-nature/a-matter-of-taste-180940699/?c=y&page=1.

5. Sybil Kapoor, *Sight, Smell, Touch, Taste, Sound: A New Way to Cook* (London: Pavilion, 2018), 6.

6. Ibid., 58.

7. Ibid.

8. Telephone interview with Chris Lukehurst, November 1, 2018.

9. Jennifer Duggan, "Spilling the Beans on China's Booming Coffee Culture," *Guardian*, May 18, 2015, https://www.theguardian.com/sustainable-business/2015/may/18/spilling-the-beans-chinas-growing-coffee-culture. See also, "The Coffee Market Explodes in China," Marketing to China, July 5, 2016, https://www.marketingtochina.com/coffee-market-explodes-china/.

10. "China's Luckin Coffee Takes On Starbucks," CNBC, July 20, 2018, https://www.cnbc.com/video/2018/07/20/

chinas-luckin-coffee-takes-on-starbucks.html.

11. *Potato Chips Market Trends in China*, Research and Markets, August 2018, https://www.researchandmarkets.com/reports/3714608/potato-chips-market-trends-in-china. See also, *Potato Chips in China*, The Market Reports, November 2015, https://www.themarketreports.com/report/potato-chips-in-china.

12. Kevin Pang, "In Lay's 2018 Chips Saluting American Regional Flavors, the Best Come from the Central Time Zone," The Takeout, August 1, 2018, https://thetakeout.com/review-taste-test-lays-potato-chips-2018-flavors-1828016062.

13. Jethro Kang, "Durian Potato Chips Are Now a Thing in China," Shanghaiist, October 10, 2018, https://shanghai.ist/2018/10/10/durian-potato-chips/.

14. "Leading Trends in Food Items on Restaurant Menus in the United States in 2018," Statista, https://www.statista.com/statistics/293885/leading-trends-in-food-items-on-restaurant-menus-us/.See also, "What's Hot Culinary Forecast," National Restaurant Association, https://www.restaurant.org/News-Research/News/These-9-food-trends-will-heat-up-sales-in-2018.

15. Erica M. Schulte, Nicole M. Avena, and Ashley N. Gearhardt, Which Foods May Be Addictive? The Roles of Processing, Fat Content, and Glycemic Load," *PLOS One* 10, no. 2 (October 2015), https://www.ncbi.nlm.nih.gov/pmc/articles/PMC4334652/.

16. Michael Moss, *Salt Sugar Fat: How the Food Giants Hooked Us* (New York: Random House, 2014), xiii, xix, 4, 6.

17. Bee Wilson, “Learning to Love Bitter Tastes,” *Wall Street Journal*, April 19, 2019, https://www.wsj.com/articles/learning-to-love-bitter-tastes-11555688851?mod=hp_lista_pos2.
18. Amber Williams, “7 Factors that Change Your Sense of Taste,” *Popular Science*, March 5, 2014, https://www.popsci.com/article/science/7-things-affecting-your-sense-taste.
19. High Road Craft Brands, https://www.highroadcraft.com.
20. “Maine Favorites,” Foody Direct, https://www.foodydirect.com/restaurants/gelato-fiasco/dishes/maine-favorites-collection-6-pints.
21. “Flavors,” Van Leeuwen, http://www.vanleeuwenicecream.com/flavors/.
22. “Our Scream,” MilkMade, https://store.milkmadeicecream.com/pages/our-scream.
23. Marilen Cawad, “Small Biz Battles Popular Ice Cream Brands with Unusual Flavors,” TheStreet, May 23, 2014, https://www.thestreet.com/story/12719999/1/small-biz-battles-popular-ice-cream-brands-with-unusual-flavors.html.
24. “Party Cake,” Turkey Hill, https://www.turkeyhill.com/frozen/ice-cream/premium-ice-cream/party-cake.
25. “Butterscotch Blondie,” Breyers, https://www.breyers.com/us/en/products/butterscotch-blondie.html.
26. Maggie Sheehan, Jennifer Meyers, and Rheanna O’Neil Bellomo, The Craziest Ice Cream Flavors in Every State,” Delish, July 13,2018, https://www.delish.com/food/g2795/50-states-crazy-ice-cream-flavors/?slide=2.
27. “What’s Hot Culinary Forecast.”
28. “Häagen-Dazs,” Wikipedia, https://en.wikipedia.org/wiki/Häagen-Dazs.

29. "Vanilla Swiss Almond," Häagen-Dazs, https://www.haagendazs.us/products/ice-cream/vanilla-swiss-almond/.

30. "About Us," Ben & Jerry, https://www.benjerry.com/about-us.

31. "Cookies, Cream 'N' Controversy," *Newsweek*, July 4, 1993, https://www.newsweek.com/cookies-cream-n-controversy-194604. See also, Peace, Love, and Branding: The History of Ben & Jerry's in 3 Minutes," *Fast Company*, December 4, 2014, https://www.fastcompany.com/3039354/peace-love-and-branding-the-history-of-ben-jerrys-in-under-3-minutes.

32. Rob Brunner, "How Chobani's Hamdi Ulukaya Is Winning Amrica's Culture War," *Fast Company*, March 20, 2017, https://www.fastcompany.com/3068681/how-chobani-founder-hamdi-ulukaya-is-winning-americas-culture-war.

33. "About Us," Euphrates Cheese, http://www.euphratescheese.com/pages/about-us.

34. John Tamny, "The Story of Chobani Is About Much More Than Yogurt," *Forbes*, July 4, 2016, https://www.forbes.com/sites/johntamny/2016/07/04/the-story-of-chobani-is-about-much-more-than-yogurt#21f2b63b6646.

35. Steven Heller, "The Appetizing Aesthetics of a Kind Bar," *Atlantic*, August 29, 2013, https://www.theatlantic.com/entertainment/archive/2013/08/the-appetizing-aesthetics-of-a-kind-bar/279170/.

第六章

1. "Tiny Ancient Shells—80,000 Years Old—Point to Earliest Fashion Trend," European Science Foundation, August

27, 2009, https://www.sciencedaily.com/releases/2009/08/090827101204.htm.

2. Oscar Holland, "Style Icon Iris Apfel, 96, Is Now a (Wrinkle-Free) Barbie Doll," CNN, March 19, 2018, https://www.cnn.com/style/article/iris-apfel-barbie/index.html.

3. William D. Cohan, "'They Could Have Made a Different Decision':Inside the Strange Odyssey of Hedge-Fund King Eddie Lampert," *Vanity Fair*, March 25, 2018, https://www.vanityfair.com/news/2018/03/the-strange-odyssey-of-hedge-fund-king-eddie-lampert-sears-kmart.

4. Air VaporMax Platinum, Nike, https://www.nike.com/launch/t/air-vapormax-pure-platinum/.

5. "Contributors," *Elle Decor*, December 2018, 28, 10.

6. Steve Kroft, "Peter Marino, Architect, Calls His Tattooed Leather Look 'a Decoy,'" *60 Minutes*, CBS, April 2, 2017, https://www.cbsnews.com/news/peter-marino-architect-on-living-and-dressing-out-of-the-box/.

7. Charlotte Hu, "A Former Apple Employee Inspired Theranos CEO Elizabeth Holmes' Change from 'Frumpy Accountant' to Her Signature Steve Jobs–style Black Turtleneck," Business Insider, September 5, 2018, https://www.businessinsider.com/how-elizabeth-holmes-came-up-with-her-iconic-jobsian-look-2018-5.

8. Meghann Myers, "New in 2018: Army Decision Coming on Return of 'Pinks and Greens' Uniform," *Army Times*, December 27, 2017, https://www.armytimes.com/news/your-army/2017/12/27/new-in-2018-army-decision-coming-on-return-of-pinks-and-greens-uniform/.

9. Randall Shinn, "Anti-Glamour: Modest and Unprovocative," Deep Glamour, June 21, 2009, https://vpostrel.com/

deep-glamour/antiglamour-modest-and-unprovocative.

10. Telephone interview with Frank Abagnale, Jr., August 27, 2018.

11. Joseph Stromberg, "The Origins of Blue Jeans," *Smithsonian*, September 26, 2011, https://www.smithsonianmag.com/smithsonian-institution/the-origin-of-blue-jeans-89612175/.

12. "Attention Baby Boomer Women: Meet Fashion Designer Kay Unger!," Winsome 2 Wisdom, http://www.winsometowisdom.com/kay-unger-fifty-plus-fashion/.

13. Telephone interview with Kay Unger, December 16, 2018.

14. M. J. Stephey, "Camouflage," *Time*, June 22, 2009, http://content.time.com/time/nation/article/0,8599,1906083,00.html.

15. Cleo M. Stoughton and Bevil R. Conway, "Neural Basis for Unique Hues," *Current Biology* 18, no. 16 (August 26, 2008): 698–99, https://www.sciencedirect.com/science/article/pii/S0960982208007392.

第七章

1. Carola Long, "The Secret to Moncler's Success," *Financial Times*, March 3, 2017, https://www.ft.com/content/a211bc98-ff50-11e6-8d8e-a5e3738f9ae4.

2. Sheena S. Iyengar and Emir Kamenica, "Choice Proliferation, Simplicity Seeking, and Asset Allocation," Columbia

University Graduate School of Business, March 2010, https://www0.gsb.columbia.edu/mygsb/faculty/research/pubfiles/4519/simplicity Seeking.pdf.

3. Sheena Iyengar, "How to Make Choosing Easier," TED Summaries, December 6, 2014, https://tedsummaries.com/2014/12/06/sheena-iyengar-how-to-make-choosing-easier/.
4. "David Rubenstein," The Carlyle Group, https://www.carlyle.com/about-carlyle/team/david-m-rubenstein.
5. "Monthly Retail Trade," United States Census, https://www.census.gov/retail/marts/www/timeseries.html.
6. Suzanne Kapner, "Department Store of the Future: Selling Art Off the Walls and Car Insurance at Checkout," *Wall Street Journal*, December 24, 2018, https://www.wsj.com/articles/department-store-of-the-future-selling-art-off-the-walls-and-car-insurance-at-checkout-11545647400.
7. Ibid.
8. 10 Corso Como, http://www.10corsocomo.com.
9. Dover Street Market, https://www.doverstreetmarket.com.
10. ABC Carpet & Home, http://www.abchome.com.
11. Nikara Johns, "A Look Inside Dover Street Market's Insanely Cool Los Angeles Store," Foot Wear News, November 5, 2018, https://footwearnews.com/2018/business/retail/dover-street-market-los-angeles-store-opening-photos-1202703338/.
12. Ashley Rodriguez and Maureen Morrison, "Kmart Revamps Marketing Team, Hires CMO," *Ad Age*, June 11, 2015,

https://adage.com/article/cmo-strategy/kmart-revamps-marketing-team/298992/.

第八章

1. Tim Lomas, "The Positive Lexicography," Tim Lomas, PhD, https://www.drtimlomas.com/lexicography.
2. Tim Lomas, "Papers," Tim Lomas, PhD, https://www.drtimlomas.com/blank-1.
3. David Robson, "The 'Untranslatable' Emotions You Never Knew You Had," BBC, January 26, 2017, http://www.bbc.com/future/story/20170126-the-untranslatable-emotions-you-never-knew-you-had.
4. Lomas, "The Positive Lexicography."
5. "Fucking Fabulous," Tom Ford, https://www.tomford.com/fucking-fabulous/T6-FABULOUS.html.
6. "Congratulations to Comcast, Your 2014 Worst Company in America!," Consumerist, April 8, 2014, https://consumerist.com/2014/04/08/congratulations-to-comcast-your-2014-worst-company-in-america/index.html.
7. "Comcast to Pay $2.3 Million Fine to Resolve Billing Complaints," FCC, October 11, 2016, https://www.fcc.gov/document/comcast-pay-23m-fine-resolve-billing-complaints.
8. Michael B. Sauter and Samuel Stebbins, "America's Most Hated Companies," 24/7 Wall St., January 10, 2017, https://247wallst.com/array/2017/01/10/americas-most-hated-companies-4/.
9. "Yeti Anthem," Yeti, https://stories.yeti.com/story/yeti-anthem.

10. "Make a Lasting Impact," Tiffany & Co., https://www.tiffany.com/sustainability.

11. "A Dentist's Insight," Quip, https://www.getquip.com/story#thedentist.

12. "About," Suja Juice, https://www.sujajuice.com/about/.

13. Alberto Gallace, "Neurodesign: The New Frontier of Packaging and Product Design," Packaging Digest, October 27, 2015, https://www.packagingdigest.com/packaging-design/neurodesign-the-new-frontier-of-packaging-and-product-design1510.

14. Katherine Owen, "House of Good Cheer," *Southern Living*, December 2018, 115.

15. Satyendra Singh, "Impact of Color on Marketing," *Management Decision* 44, no. 6 (2006): 783–89, https://www.emeraldinsight.com/doi/abs/10.1108/00251740610673332?journalCode=md.

16. Lisa McTigue Pierce, "Amazon Incentivizes Brands to Create Frustration-Free Packaging," Packaging Digest, September 18, 2018, https://www.packagingdigest.com/sustainable-packaging/amazon-incentivizes-brands-to-create-frustration-free-packaging-2018-09-18.

17. Daniel Keyes, "E-commerce Is Changing Product Packaging," Business Insider, December 31, 2018, https://www.businessinsider.com/procter-gamble-unilever-change-ecommerce-product-packaging-2018-12.

18. Pan Demetrakakes, "Seventh Generation Tops Off Dish Soap's 'Eco' Appeal with 100% PCR Cap," Packaging Digest, August 24, 2018, https://www.packagingdigest.com/sustainable-packaging/seventh-generation-tops-off-dish-soaps-eco-appeal-with-100-pcr-cap-2018-08-24.

19. Wright Tool, http://www.wrighttool.com.
20. Soylent, https://soylent.com.
21. Rick Lingle, "Digitally Printed Labels Add Texture to Put Consumers in Direct Touch with Packaging," Packaging Digest, October 3, 2016, https://www.packagingdigest.com/labels/texture-inks4-labels-put-consumers-in-direct-touch-packaging1610.
22. Malcom G. Keif, Colleen Twomey, and Andrea Stoneman, "Consumer Perception of Tactile Packaging: A Research Study on Preferences of Soft Touch & Hi Rise Coatings in Cosmetic Packaging," *Journal of Applied Packaging Research* 7, no. 1 (2015), https://scholarworks.rit.edu/cgi/viewcontent.cgi?referer=https://www.google.com/&httpsredir=1&article=1013&context=japr.
23. Alberto Gallace, "Neurodesign: The New Frontier of Packaging and Product Design," Packaging Digest, October 27, 2015, https://www.packagingdigest.com/packaging-design/neurodesign-the-new-fron tier-of-packaging-and-product-design1510/page/0/3.
24. Jenni Spinner, "Augmented Reality Brings Pasta Packaging to Life," Packaging Digest, December 13, 2018, https://www.packagingdigest.com/smart-packaging/augmented-reality-brings-pasta-packaging-to-life-2018-12-13.
25. Telephone interview with Cristina Carlino, December 18, 2018.
26. Email from James Truman, December 28, 2018.
27. "J. D. Power Honors Best Resale Value for Mass Market and Luxury Automotive Brands," J. D. Power, August 22,

2018, https://www.jdpower.com/business/press-releases/2018-resale-value-awards.

28. Roy Furchgott, "A 72-Year-Old Italian Star Barely Showing Its Age," *New York Times*, December 27, 2018, https://www.nytimes.com/2018/12/27/business/vespa-scooters-resale-values.html.

29. Don Williams, "2017 (Vespa 946) RED First Look," Ultimate Motorcycling, November 6, 2016, https://ultimatemotorcycling.com/2016/11/08/2017-vespa-946-red-first-look-charity-scooter/.

30. "Vespa Is . . . ," https://www.vespa.com/us_EN/vespa-is.html.

31. "A Journey to Discover Electric Vespa in Eight Videos. Surprises and Emotions," Wide, https://wide.piaggiogroup.com/en/articles/products/a-journey-to-discover-electric-vespa-in-eight-videos-surprises-and-emotions/index.html.

32. Erin Sagin, "10 Stats That Will Make You Rethink Marketing to Millennials," WordStream, January 4, 2019, https://www.wordstream.com/blog/ws/2016/02/02/marketing-to-millennials.

33. Maurie J. Cohen, Halina Szejnwald Brown, and Philip J. Vergragt, eds., *Social Change and the Coming of Post-Consumer Society*, (New York: Routledge, January 12, 2019), 4–7.

第九章

1. Kurt Wagner and Rani Molla, "Facebook Lost Around 2.8 Million U.S. Users Under 25 Last Year. 2018 Won't Be Much Better," Recode, February 12, 2018, https://www.recode.net/2018/2/12/16998750/facebooks-teen-users-

decline-instagram-snap-emarketer. See also, Rupert Neate, "Twitter Stock Plunges 20% in Wake of 1M User Decline," *Guardian*, July 27, 2018, https://www.theguardian.com/technology/2018/jul/27/twitter-share-price-tumbles-after-it-loses-1m-users-in-three-months.

2. Rebecca Gale, "The Allure of Small Towns for Big Ciy Freelancers," Slate, July 20, 2018, https://slate.com/human-interest/2018/07/big-city-freelancers-look-to-small-cities-to-lower-cost-of-living.html.

3. Ibid.

4. "2017 Cone Communications CSR Study," Cone Communications, http://www.conecomm.com/research-blog/2017-csr-study#download-the-research.

5. Greta Stieger, "Nestlé: 100% Recyclable or Reusable Packaging by 2025," Food Packaging Forum, April 16, 2018, https://www.foodpackagingforum.org/news/nestle-100-recyclable-or-reusable-pack aging-by-2025.

6. "Eleven Companies Commit to 100% Reusable, Recyclable, or Compostable Packaging," Packaging Strategies, January 26, 2018, https://www.packagingstrategies.com/articles/90200-eleven-companies-commit-to-100-reusable-recyclable-or-compostable-packaging.

7. "Can I Recycle Organic Valley Packaging?," Organic Valley, http://organicvalley.custhelp.com/app/answers/detail/a_id/525/~/can-i-recycle-organic-valley-packaging%3F.

8. "The Activist Company," Patagonia, https://www.patagonia.com/the-activist-company.html.

9. "100+ Cities Commit to Clean with 100% Renewable Energy," Seventh Generation, https://www.seventhgeneration.

com/blog/100-cities-commit-clean-100-renewable-energy.

10. "West Elm Local," West Elm, https://www.westelm.com/shop/local/.
11. Rex Hammock, "More Giant Retailers Discover Marketing Magic of Artisans, Crafters & Makers," Small Business, December 7, 2015, https://smallbusiness.com/trends/makers-crafter-big-retailers/.
12. The Brick Kiln, Instagram, https://www.instagram.com/thebrickkiln/.
13. "Etsy Is Now at Macy's Herald Square," Macy's, https://www.macys.com/cms/ce/splash/etsy/index?cm_kws=etsy.
14. Judith Aquino, "Nine Jobs That Humans May Lose to Robots," NBC, http://www.nbcnews.com/id/42183592/ns/business-careers/t/nine-jobs-humans-may-lose-robots/#.XDVlUi3MzGI. See also, Joshua Kim, "Robots, Jobs, and the Liberal Arts," Inside Higher Ed, July 15, 2015, https://www.insidehighered.com/blogs/technology-and-learning/robots-jobs-and-liberal-arts.
15. Miriam Jordan, "As Immigrant Farmworkers Become More Scarce, Robots Replace Humans," *New York Times*, November 20, 2018, https://www.nytimes.com/2018/11/20/us/farmworkers-immigrant-labor-robots.html.
16. Chantel McGee, "In a Decade, Many Fast-Food Restaurants Will Be Automated, Says YumBrands CEO," CNBC, March 28 2017, https://www.cnbc.com/2017/03/28/in-a-decade-many-fast-food-restaurants-will-be-automated-says-yum-brands-ceo.html.
17. Samuel I. Schwartz, *No One at the Wheel* (New York: Public Affairs, 2018), 32–36.
18. Conner Forrest, "The First 10 Jobs That Will Be Automated by AI and Robots," ZDNet, August 3, 2015, https://

www.zdnet.com/article/the-first-10-jobs-that-will-be-automated-by-ai-and-robots/.

19. James Manyika, Michael Chui, Mehdi Miremadi, et al., "Harnessing Automation for a Future That Works," McKinsey & Company, January 2017, https://www.mckinsey.com/featured-insights/digital-disruption/harnessing-automation-for-a-future-that-works.

20. Arwa Mahdawi, "What Jobs Will Still Be Around in 20 Years?," *Guardian*, June 26, 2017, https://www.theguardian.com/us-news/2017/jun/26/jobs-future-automation-robots-skills-creative-health.

21. Roisin O'Connor, "More People Are Going to See Live Gigs and Festivals Than Ever Before, UK Music Study Finds," *Independent*, July 11, 2017, https://www.independent.co.uk/arts-entertainment/music/news/live-music-gigs-festivals-attendance-uk-economy-local-venues-glastonbury-reading-leeds-brexit-a7835301.html. See also, Ariana Brockington, "Going to Concerts Is Good for Your Health (Study)," *Variety*, March 28, 2018, https://variety.com/2018/music/news/new-research-finds-concerts-good-for-health-1202739766/.

22. Kate Carraway, "How to Make a Millennial Feel Cozy in Just One Beverage," *New York Times*, January 8, 2019, https://www.nytimes.com/2019/01/08/style/millennial-marketing-wellness-recess.html.

23. Celia Balf, "Death Metal Yoga Is the 1000% Intense Workout You're Not Doing," *Men's Health*, January 22, 2018, https://www.menshealth.com/fitness/a19546754/death-metal-yoga/.

24. Pamela Kufahi, "Prayer and Transgender Issues Hit the Fitness Industry," Club Industry, March 9, 2015, https://www.clubindustry.com/blog/prayer-and-transgender-issues-hit-fitness-industry. See also, Jordyn Taylor, "This LGBT

Gym Helps Transgender Clients Shape Their Bodies to Match Their Identities," Marriott Traveler, https://traveler.marriott.com/tips-and-trends/this-lgbt-gym-helps-transgender-clients-shape-their-bodies-to-match-their-identities/.

25. "The Start of the Break-up," *Economist*, August 4, 2016, https://www.economist.com/europe/2016/08/04/the-start-of-the-break-up. See also, Lis Wiehl, "Falling Apart," June 13, 2017, https://www.washingtontimes.com/news/2017/jun/13/secession-movements-in-us-gaining-steam/. See also, Rachel Belle, "The Likelihood of California, Oregon, and Washington Seceding," My Northwest, December 19, 2017, http://mynorthwest.com/470605/oregon-california-washington-seceding/.

26. Reihan Salam, "One Nation, Divisible?," Slate, July 3, 2014, https://slate.com/news-and-politics/2014/07/hobby-lobby-and-the-cultural-divide-is-america-in-danger-of-fracturing-into-two-countries-one-secular-one-religious.html.

27. "Spiritual Warriors Couture," Venxara, https://www.venxara.com/collections/spiritual-warriors-couture.

28. Hilary Milnes, "How Ulta Beauty Evolved Its Merchandising Strategy to Compete in a Crowded Market," Digiday, May 7, 2018, https://digiday.com/marketing/ulta-beauty-evolved-merchandising-strategy-compete-crowded-market/.

29. Eric Leininger and David Kimbell, "The Secret to Ulta Beauty's Success: Joy," Kellogg Insight, March 6, 2017, https://insight.kellogg.northwestern.edu/article/the-secret-to-ulta-beautys-success-joy.

30. "Dutch Man, 69, Who 'Identifies as 20 Years Younger' Launches Legal Battle to Change Age," *Telegraph*, November 7, 2018, https://www.telegraph.co.uk/news/2018/11/07/dutch-man-69-identifies-20-years-younger-launches-legal-battle/.

31. Primary, https://www.primary.com.
32. Mitchell Kuga, "Gender-Free Shopping Is a Movement, Not a Trend," Racked, March 22, 2018, https://www.racked.com/2018/3/22/17148716/phluid-project-gender-neutral-shopping-retail-opening.
33. The Phluid Project, https://www.thephluidproject.com.
34. Merrell Hambleton, "Brand to Know: a Gender-Neutral Line Challenging Norms," *New York Times*, February 20, 2018, https://www.nytimes.com/2018/02/20/t-magazine/fashion/no-sesso-gender-neutral-clothing.html.
35. "About Us," TomboyX, https://tomboyx.com/pages/about-us-1.

哈佛商學院的美學課【最新修訂版】

國際精奢品牌的商業祕密，讓你跟你的企業成為真實且獨特的存在！

Aesthetic Intelligence
How to Boost It and Use It in Business and Beyond

作　　者　寶琳・布朗 Pauline Brown
譯　　者　謝樹寬
封面設計　許紘維
內頁排版　高巧怡
行銷企劃　蕭浩仰、江紫涓
行銷統籌　駱漢琦
業務發行　邱紹溢
營運顧問　郭其彬
責任編輯　張貝雯
總 編 輯　李亞南
出　　版　漫遊者文化事業股份有限公司
地　　址　台北市103大同區重慶北路二段88號2樓之6
電　　話　(02) 2715-2022
傳　　真　(02) 2715-2021
服務信箱　service@azothbooks.com
網路書店　www.azothbooks.com
臉　　書　www.facebook.com/azothbooks.read
營運統籌　大雁文化事業股份有限公司
地　　址　新北市231新店區北新路三段207-3號5樓
電　　話　(02) 8913-1005
傳　　真　(02) 8913-1056
劃撥帳號　50022001
戶　　名　漫遊者文化事業股份有限公司
二版一刷　2023年7月
二版二刷(1)　2023年12月
定　　價　台幣380元

ISBN　978-986-489-820-6

國家圖書館出版品預行編目 (CIP) 資料

哈佛商學院的美學課：國際精奢品牌的商業祕密，讓你跟你的企業成為真實且獨特的存在!/ 寶琳. 布朗 (Pauline Brown) 著；謝樹寬譯. -- 二版. -- 臺北市：漫遊者文化事業股份有限公司出版：大雁文化事業股份有限公司發行，2023.07
面；　公分
譯自：Aesthetic Intelligence : How to Boost It and Use It in Business and Beyond
ISBN 978-986-489-820-6(平裝)
1.CST: 行銷策略 2.CST: 品牌行銷 3.CST: 美學
496　　112008995